RECHERCHES GÉOLOGIQUES ET PÉTROGRAPHIQUES

SUR LES

LACCOLITHES

DES ENVIRONS DE PIATIGORSK

(CAUCASE DU NORD)

PAR

Vera de DERWIES

Avec 12 figures et 3 planches

GENÈVE
LIBRAIRIE HENRY KÜNDIG
11, Corraterie, 11

1905

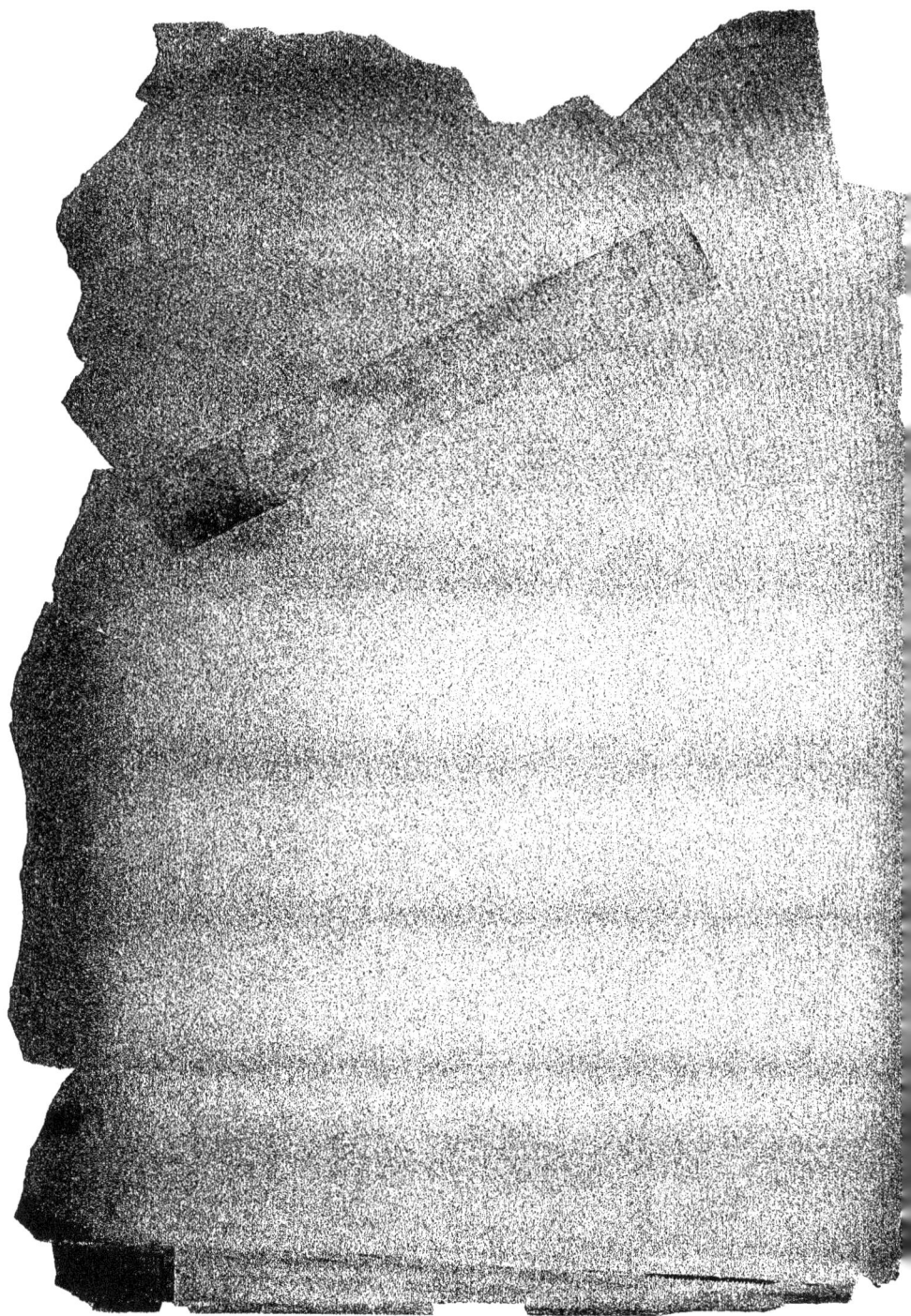

RECHERCHES GÉOLOGIQUES ET PÉTROGRAPHIQUES

SUR LES

LACCOLITHES

DES ENVIRONS DE PIATIGORSK

(CAUCASE DU NORD)

PAR

Vera de DERWIES

Avec 12 figures et 3 planches.

GENÈVE
LIBRAIRIE HENRY KÜNDIG
11, Corraterie, 11

1905

GENÈVE

Imprimerie W. Kündig & Fils, rue du Vieux-Collège, 4.

A Monsieur Louis Duparc

Professeur de minéralogie à l'Université de Genève.

Hommage d'estime et de reconnaissance.

PRÉFACE

Le sujet du présent travail m'a été proposé par M. le professeur L. Duparc en l'année 1902. Les recherches sur le terrain ont été commencées en automne 1902 et terminées au courant de l'été 1903.

Les parties pétrographique et chimique ont été exécutées plus tard, durant l'année 1904 et en partie 1905 au laboratoire de minéralogie de l'Université de Genève.

Qu'il me soit permis d'exprimer ici à M. le professeur Duparc toute ma reconnaissance pour le concours qu'il m'a prêté pendant toute la durée de ce travail, soit au point de vue technique, soit au point de vue de la rédaction et mise au point de cet ouvrage.

L'étude pétrographique des roches a été effectuée avec beaucoup de soin sur un matériel abondant. Les déterminations optiques ont été multipliées. La détermination des feldspaths a été faite par des méthodes variées. Quant aux conventions, les sections normales aux 3 axes principaux sont désignées par Sn_a, Sn_b, Sn_c.

1 et 1′ désignent les individus maclés selon l'albite, le premier normal, le second retourné.

Presque toutes les roches décrites pétrographiquement ont été analysées, et les analyses contrôlées avec soin. Les éléments principaux seuls ont été dosés; ceux qui existent à l'état de traces n'ont pas été séparés, leur dosage n'ayant pas d'importance pour l'interprétation des résultats. L'interprétation de ces analyses a été faite selon la méthode de M. Lœwinson-Lessing.

Pour les cartes et profils géologiques je me suis servie des cartes topographiques du Caucase de 1 verste et de $^1/_2$ verste par diouim.

Malheureusement ces cartes ne contenant pas toute la région étudiée, plusieurs montagnes, notamment le Byk, le Verbloud et la Lisala n'en font point partie; c'est pourquoi il m'a été impossible de lever leurs cartes géologiques.

Leurs profils pour cette raison également n'ont pû être faits que très approximativement.

Je tiens à remercier ici MM. Timtchenko-Jareschtenko et Pervago pour la photographie de leur carte en relief de la région des eaux minérales, qu'ils ont bien voulu me communiquer.

Cette carte qui ne prétend pas à une très grande précision, donne pourtant une vue d'ensemble qui représente très bien les principaux caractères topographiques de la région.

CHAPITRE I.

§ 1. *Généralités sur la topographie et la géologie des environs de Piatigorsk.*

La partie de la région de Piatigorsk, qui fait l'objet de cette étude, comprend les environs immédiats de la ville de Piatigorsk dans la province de Terek, principale station balnéologique du groupe des eaux minérales du Caucase du Nord. Cette région, située à la lisière des steppes des mers Noire et Caspienne et des premières ondulations de la chaîne principale du Caucase, présente une topographie très particulière, due à la présence d'une série de montagnes aux formes variées, offrant souvent l'aspect de dômes ou d'éminences coniques, tantôt réunies en groupes, tantôt isolées et surgissant en quelque sorte inopinément au milieu de la steppe plane.

On sait que le flanc Nord de la chaîne principale du Caucase, au Sud de la région qui nous occupe, est d'une assez grande simplicité au point de vue tectonique. Les chaînes cristallines centrales, formées par le granit, les gneiss et les schistes cristallins, qui constituent également le soubassement du cône andésitique de l'Elbrous, sont bordées du côté septentrional par une crête rocheuse, formée par une série normale des assises du Jurassique supérieur, qui sont faiblement inclinées vers le Nord; du côté Sud, cette crête présente un escarpement abrupt sur lequel on voit admirablement la succession régulière des strates. Elle est séparée des chaînes cristallines par une dépression, appelée plateau de Betschessan, qui est occupée par les couches du Jurassique inférieur, faiblement plissées dans la partie Sud, et qui reposent en discordance sur les schistes cristallins redressés.

La crête jurassique est suivie plus au Nord par une autre crête, moins élevée, abrupte également du côté Sud, et formée cette fois par la série normale des assises crétacées, qui plongent faiblement au Nord et disparaissent enfin dans la plaine sous les couches du tertiaire. Celles-ci, qui forment le sous-sol de la steppe, apparaissent à environ 15 kilom. au Sud de Piatigorsk et ne semblent avoir subi aucune dislocation ; ce n'est qu'au voisinage immédiat des montagnes des environs de Piatigorsk qu'on les voit se redresser subitement.

L'horizontalité de la steppe ne doit cependant être qu'apparente, car depuis le mont Kinjal, situé à 27 kilom. au Nord de Piatigorsk et qui à la base côte 300 m., la contrée s'élève graduellement vers le Sud, et près du mont Djoutzkaïa atteint 900 m. au-dessus du niveau de la mer. Cette dénivellation assez considérable, qui se produit sur une longueur de 40 kilom., est probablement due à un soulèvement général des couches sédimentaires vers le Sud. Ce soulèvement qui doit être extrêmement faible, ne peut cependant pas être apprécié, car le terrain sédimentaire n'est dénudé en aucun point de la contrée sur une étendue suffisamment considérable pour permettre de constater une inclinaison des strates aussi peu importante.

Les montagnes de Piatigorsk ne forment point de rides, ayant une direction déterminée ; elles sont dispersées irrégulièrement dans la steppe et n'ont aucune espèce de liaison les unes avec les autres.

Certaines de ces montagnes sont en grande partie formées par les roches éruptives dénudées, contre lesquelles viennent s'appuyer les roches sédimentaires redressées, qui les recouvrent en partie ; d'autres au contraire ne laissent apparaître les roches éruptives que sur quelques points seulement, et sont en majeure partie recouvertes par les roches sédimentaires. Quelquefois enfin, les roches éruptives sont complètement invisibles, et la montagne est alors formée toute entière par des sédiments.

Les nombreuses sources minérales, dont l'existence paraît manifestement liée à la présence de ces montagnes, ont attiré l'attention sur cette région déjà dans la seconde moitié du XVIII° siècle. On découvrit et exploita depuis le groupe des eaux thermales sulfureuses du Machouk, où s'établit bientôt la première station balnéologique de Piatigorsk ; puis les sources ferrugineuses de Gelieznovodsk, qui sourdent sur les pentes de la montagne Gelieznaïa, celles d'Essentouky qui jaillissent dans la plaine, et bien d'autres.

Les montagnes principales de Piatigorsk sont : le Beschtaou, la Gelieznaïa (montagne de fer), la Razvalka, la Zmieva (mont des serpents), la Cheloudivaïa, l'Ostraïa (pointue), le Kaban (sanglier), la Medovka, le Byk (taureau), le Verbloud (chameau), le Konm ou le Kinjal (poignard), le Machouk, la Joutza, la Djoutzkaïa, la Lisaïa (montagne chauve) et le Zolotoï-Kourgan (colline d'or). La majorité de ces montagnes se trouvent au Nord de Piatigorsk ; tel est le cas pour le Beschtaou, la Gelieznaïa, la Razvalka et la Zmieva, qui sont disposées en demi-cercle et assez rapprochées les unes des autres.

Au Nord-Ouest du groupe précédent se trouvent les montagnes de Byk, de Verbloud et de Kinjal, et au Sud, celles de Machouk, de Lisaïa, de Joutza, de Djoutz-kaïa et de Zolotoï-Kourgan. Les montagnes de ce dernier groupe sont relativement peu élevées au-dessus de la plaine et se présentent, vues de différents côtés, tantôt sous forme de cônes à pentes inégales, tantôt sous forme de dômes ou de coupoles. La montagne de Djoutzkaïa est la plus élevée ; elle est fortement allongée dans la direction Nord-Est-Sud-Ouest ; vue depuis le Nord ou le Sud elle présente une forme conique très régulière. Le Zolotoï-Kourgan forme une petite colline aux contours arrondis et ne s'élève qu'à 240 m. au-dessus de la steppe. Quant aux trois dernières montagnes, le Machouk, la Joutza et la Lisaïa, elles se ressemblent beaucoup et se présentent toutes sous la forme de dômes aux sommets aplatis, relativement peu élevés.

Les montagnes situées au Nord de Piatigorsk, sont beaucoup plus fortement relevées au-dessus de la plaine, et ont des formes assez différentes de celles des précédentes. Le Beschtaou, qui est la montagne la plus considérable de la région, et qui atteint 900 m. de hauteur au-dessus de la plaine, est formé par un ensemble d'élévations coniques de hauteurs différentes, dont quelques-unes sont très régulières. A côté du Beschtaou, au Nord, se trouve la petite Gelieznaïa, qui présente l'aspect d'un cône régulier ; elle est suivie par la Razvalka de forme allongée, en grande partie détruite par l'érosion, et dont les pentes présentent souvent des murailles verticales. Plus au Nord s'élève la montagne Zmieva de forme fortement allongée également, et qui atteint 700 m. de hauteur par rapport à la plaine.

Au Nord-Ouest des montagnes Razvalka et Zmieva se trouvent les montagnes de Byk et de Verbloud ; la première, fortement allongée, est divisée en plusieurs parties qui présentent des contours irréguliers ; la seconde est formée par deux cônes reliés entre eux, l'un, très régulier et pointu, l'autre moins haut, plus massif et aplati. Enfin au Nord du Byk, on distingue, isolé dans la steppe, le petit Kinjal au sommet aigu et aux pentes escarpées et abruptes, dépourvues de végétation.

La plaine qui entoure ces montagnes n'est cultivée qu'en partie, et présente encore le caractère d'une steppe, recouverte par la végétation.

Des forêts assez étendues occupent la partie centrale de la région. Elles sont surtout développées aux environs du Machouk, du Beschtaou, de Gelieznaïa, de Razvalka et de Zmieva, et couvrent également les pentes de ces montagnes.

Le plus important cours d'eau de la région est la Kouma, qui prend naissance sur le versant Nord de la principale chaîne du Caucase. Son affluent appelé le Pod-koumok, arrose la partie Sud de la contrée, en contournant les pentes des monts Machouk et Lisaïa. Ces cours d'eau reçoivent de nombreux petits tributaires, tel que Zirkul, Kirkili, Joutza, Djoutza, Etoka, etc., qui occupent généralement des ravins plus ou moins profonds.

Plusieurs lacs salés se rencontrent dans la plaine de Piatigorsk ; le plus considérable, qui porte le nom de Tamboukan, est situé à quelques kilomètres au Nord-Est de Zolotoï-Kourgan; deux autres, beaucoup plus petits, desséchés en été, se trouvent entre les monts Machouk et Lisaïa.

§ 2. *Bibliographie.*

Des recherches concernant la question des eaux minérales, ont été faites par différents ingénieurs, tels que : J. François, Valberg, Nèslobinsky, Babouroff, Konradi, L. Dru et autres.

Les observations faites au point de vue géologique, appartiennent principalement à Dubois de Montpereux, Abich, Mouschketoff, Dru et Rouguevitch.

Dubois de Montpereux[1] a pensé que le groupe des montagnes de Piatigorsk représentait les restes d'un ancien volcan et s'exprimait comme suit : « Dès que vous avez quitté les dernières pentes du Caucase, au pied Nord de l'Elborous, vous vous trouvez au milieu d'une vaste steppe, très unie, quoique hérissée de montagnes, semées çà et là sans nulle liaison. Rien ne surprend comme cette vue au premier abord. Si je ne me trompe, nous aurions ici les débris d'un cirque ou cratère volcanique. Au centre de ce cratère a surgi le Beschtaou, élevé de 4500 pieds, et reconnaissable à ses cinq cimes pointues de porphyre trachytique, comme celle de l'Elborous. Le Beschtaou a dû rentrer dans le repos avant ou pendant l'époque tertiaire, car, les formations tertiaires récentes, ont ensuite nivelé toutes les inégalités de ce sol déchiré, de façon à présenter une plaine uniforme, entre chacune des parties de ce cratère abandonné. Les sources nombreuses d'eaux chaudes, plus ou moins sulfureuses, qui jaillissent dans son enceinte, sont les seuls mouvements bien caractérisés, qui nous restent de ces anciens phénomènes volcaniques. »

Les observations les plus nombreuses sont dues à Abich; on les trouve consignées dans la série de ses ouvrages, concernant le Caucase[2].

Abich considérait les montagnes de Piatigorsk comme résultant d'un plissement de la région, et attribuait leur formation à deux soulèvements, qui auraient eu lieu à la fin de la période crétacée et à deux reprises différentes; le premier de ces soulèvements, qui était dirigé au NO., aurait donné naissance au Beschtaou et au Kinjal; le second, dirigé au NE., aurait produit toutes les autres montagnes. Cette manière de voir a été en partie partagée plus tard par J. Mouschketoff[3], qui ne croyait pas que les roches éruptives avaient pu jouer un rôle actif dans la formation des montagnes de Piatigorsk.

L'ingénieur L. Dru[4] admettait l'action d'une force expansive, ayant porté au dessus du sol les masses éruptives.

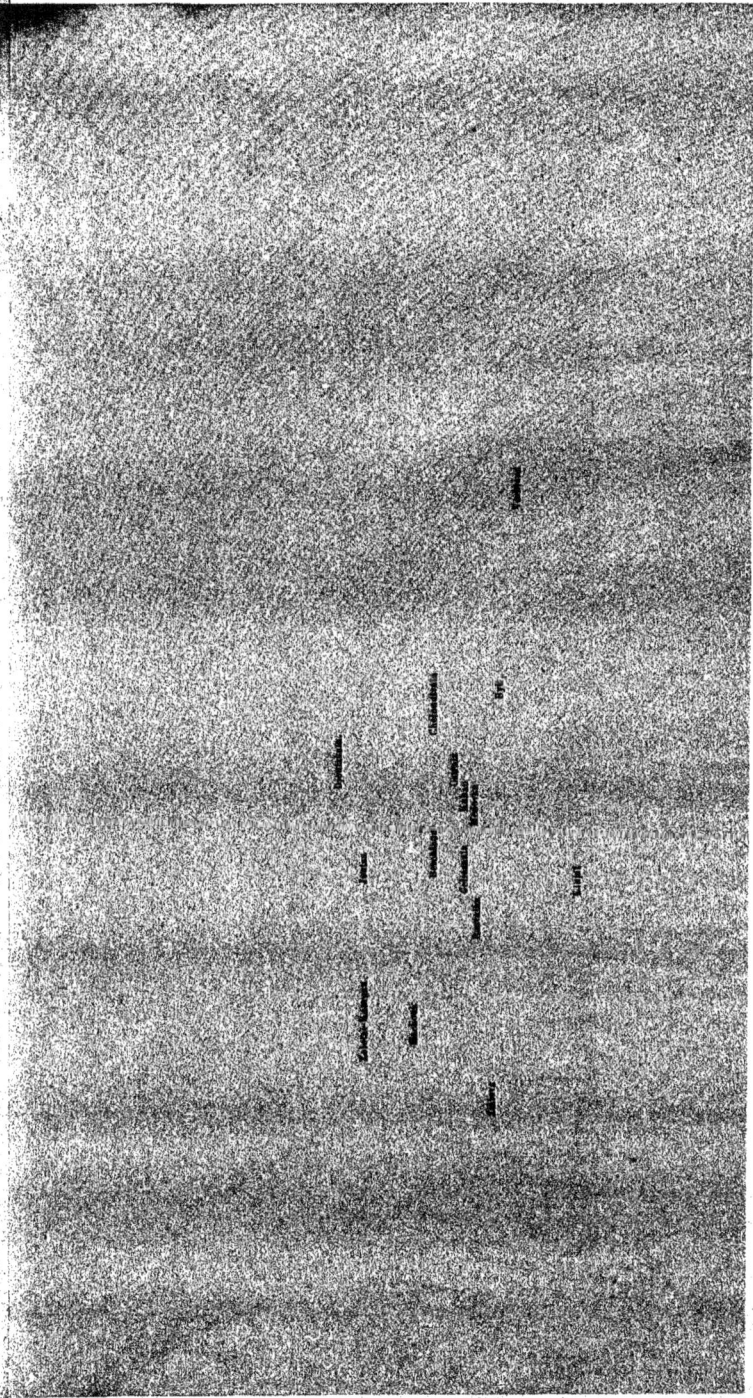

Fig. 1. — Vue générale du cirque des funérailles de Hallgoïsk.

Fig. 1. — Vue générale du groupe des laccolithes de Piatigorsk.

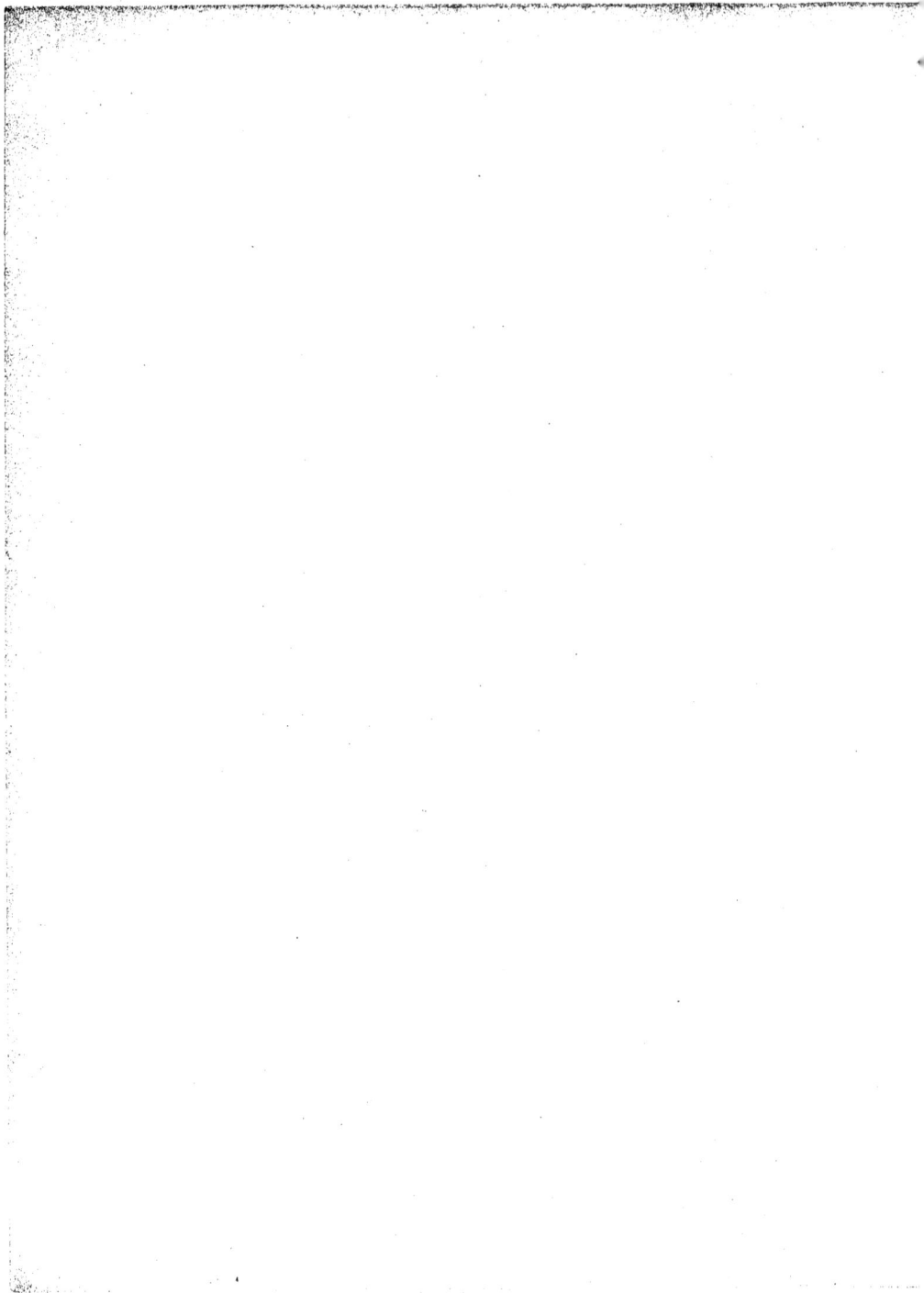

Enfin dans la brochure de l'ingénieur Rouguevitch [5] « Les eaux minérales du Caucase », les montagnes de Piatigorsk se trouvent classées pour la première fois dans la catégorie des laccolithes.

LISTE BIBLIOGRAPHIQUE.

[1] 1839-43. DUBOIS DE MONTPÉREUX. *Voyage autour du Caucase, chez les Tcherkesses,* etc. Paris.

[2] 1853. H. ABICH. *Explication de la coupe géologique du versant nord du Caucase, depuis l'Elbrous jusqu'au mont Beschtaou.* Calendrier du Caucase pour l'année 1853.

[2] 1865. H. ABICH. *Beiträge zur geologischen Kenntniss der Thermalquellen im Kaukasus.*

[2] 1874. H. ABICH. *Geologische Beobachtungen auf Reisen im Kaukasus im Jahre 1873.* Bulletins de la Société Impériale des naturalistes de Moscou.

1875. J. FRANÇOIS. *Mémoire sur la genèse des eaux minérales des groupes nord du Caucase.*

1876. S. SIMONOWITCH, L. BATZÉWITCH et A. SOROKIN. *Description géologique de la région de Piatigorsk.* Matériaux pour la géologie du Caucase.

[3] 1886. J. MOUSCHKETOFF. *Notices géologiques sur les eaux minérales du Caucase.* Bulletins de la Société Impériale de minéralogie de St-Pétersbourg.

[4] 1884. L. DRU. *Note sur la géologie et l'hydrologie de la région du Beschtaou.* Bulletins de la Société géologique de France, 3me série, t. XII.

1886. FR. SCHAFARZIK. *Reise-Notizen aus dem Kaukasus.*

1896. N. KARAKASCH. *Observations géologiques dans les vallées des fleuves Ouroukh, Ardon, Malka et dans les environs de Kislowodsk.* Trav. de la Société des Naturalistes, St-Pétersbourg, t. XXIII.

[5] 1896. K. ROUGUÉVITCH. *Les eaux minérales du Caucase.* St-Pétersbourg.

1903. E. EICHELMANN. *Aperçu sommaire de géologie et de l'hydrologie du rayon des eaux minérales du Caucase.*

§ 3. *Roches sédimentaires et éruptives.*

Les roches sédimentaires qui affleurent dans la région qui nous occupe, appartiennent au crétacé supérieur et au tertiaire. Les formations les plus anciennes sont représentées par des grès qui ne se rencontrent qu'en un seul endroit seulement, sur le versant Est du Beschtaou. Ces grès, de couleur jaunâtre, sont formés par des grains grossiers de quartz, reliés par un ciment argileux. Je n'y ai point trouvé de fossiles, mais d'après leur position et leurs caractères pétrographiques, ils doivent être rapportés aux couches du gault supérieur (albien). Ils sont d'ailleurs parfaitement identiques aux grès de l'albien de la chaîne du Djinal. L'horizon suivant est représenté par des calcaires sénoniens blancs, interstratifiés de couches, plus ou moins fines de marnes feuilletées. Ces calcaires que l'on voit sur les flancs des montagnes de Piatigorsk, sont ici fortement modifiés par l'action de la roche éruptive sous-jacente : ils sont subcristallins, de couleur gris-bleuâtre, allant jusqu'au bleu très foncé, et ne contiennent que des fossiles plus ou moins détériorés. On y trouve des débris d'Inocérames et d'Ananchytes ovata déformés. Ces mêmes calcaires se rencontrent également, mais non métamorphosés alors, plus au Sud, entre Kislowodsk et Essentouky. Ici, les calcaires sénoniens blancs passent à la partie supérieure à des calcaires de plus en plus marno-schisteux, de couleur grise, qui se transforment au sommet de la formation en des marnes schisteuses gris-bleuâtres ; toutes les formes de passage entre les calcaires sénoniens blancs et les marnes peuvent être observées dans la plaine d'Essentauky, aux bords du Podkoumok. Ici, les couches des calcaires gris et schisteux contiennent en abondance des fossiles, représentés en grande partie par Inoceramus Cripsii, J. Cuvieri, Ananchytes Ovata, Offaster Caucasicus, etc.

Les fossiles deviennent de plus en plus rares vers le haut et disparaissent enfin entièrement dans les couches des marnes grises. Ces marnes ont été ordinairement classées dans l'éocène ; cependant il semble plus juste de les rapporter aux couches supérieures du sénonien auxquelles elles passent, et dont elles ne se distinguent que par l'absence de fossiles, ou bien à un horizon transitoire entre le sénonien et l'éocène. Les marnes se rencontrent également sur les pentes des montagnes de la contrée.

Les dépôts tertiaires sont en grande partie représentés par des marnes argileuses, schisteuses, de couleur brune foncée, qui contiennent des bancs ou nids d'une roche gréseuse très dure, de couleur sombre également. Ces roches recouvrent les marnes grises et ont une grande extension dans la steppe de Piatigorsk ; on les voit sur les pentes de ces montagnes, et dans les ravins des cours d'eau qui serpentent sur la plaine. Elles ne contiennent presque point de fossiles, à l'exception de quelques rares restes de poissons mal conservés ; leur âge ne peut par conséquent pas être déterminé d'une façon satisfaisante, mais, comme elles sont généralement reliées avec les marnes grises par des formes de passage, il paraît naturel de les rapporter à l'éocène.

Quelquefois les marnes grises passent directement à des marnes plus calcaires, de couleur blanchâtre, comme par exemple aux environs de Beschtaou et du Svistoun, ou bien à des roches argilo-marneuses, de couleur jaune, développées surtout dans la partie Nord de la région autour du Kinjal. L'absence de fossiles et le passage graduel des roches crétacées aux roches tertiaires, ne permettent pas toujours de séparer les couches supérieures du sénonien de celles de la base de l'éocène; cette distinction est particulièrement difficile sur les pentes des laccolithes, où toutes ces roches sont en outre presque toujours plus ou moins modifiées.

Les dépôts posttertiaires comprennent plusieurs formations, à savoir:

1º Des argiles, provenant de la décomposition des différentes roches sédimentaires, et en partie des roches éruptives; ces argiles recouvrent la plaine entre les montagnes de Piatigorsk, et atteignent souvent une assez grande épaisseur.

2º Des alluvions de pentes, formées par des débris de différentes dimensions de roches éruptives et sédimentaires, mélangés avec des argiles produites par leur désagrégation.

3º Des alluvions fluviales, formées par des galets de différentes roches, cimentés par du carbonate de chaux, et formant souvent un poudingue compact.

4º Des travertins — dépôts de carbonate de chaux des sources minérales, développés surtout aux monts Machouk, Geliezuaïa, Joutza et Lisaïa.

5º Des roches éruptives, qui affleurent sur les pentes des montagnes de Piatigorsk, et qui par leur aspect ressemblent aux trachytes; elles sont de couleur grisâtre plus ou moins foncée. A l'œil nu, on peut distinguer dans la pâte grise, de grands cristaux de feldspath et de mica, auxquels viennent s'ajouter dans quelques-unes des roches des cristaux de quartz et d'amphibole.

CHAPITRE II

§ 1. Description géologique du Machouk. — § 2. Description géologique de la Lisaïu et résumé relatif à ces deux laccolithes. — § 3. Description de la roche éruptive, trouvée dans la steppe au voisinage de la Lisaïa et des enclaves dans la dite roche.

§ 1. *Description géologique du Machouk.*

Le mont Machouk, célèbre par ses sources minérales, s'élève à 994 m. au-dessus du niveau de la mer au milieu de la plaine. Séparé au Nord-Ouest du Beschtaou par une faible dépression, il est éloigné de toutes les autres montagnes et entouré par la steppe.

Son profil dans la direction Nord-Est-Sud-Ouest, est celui d'un cône aux flancs inégaux. Vu de Piatigorsk qui est disposé à son pied Sud, il ressemble plutôt à un dôme au sommet arrondi et aux pentes escarpées et abruptes. La montagne est presque entièrement recouverte par la forêt, qui s'arrête à quelque distance du sommet.

Le Machouk présente un exemple typique de laccolithe entièrement recouvert par une épaisse enveloppe sédimentaire, peu détruite par l'érosion, et ayant relativement bien conservé sa forme primitive (Carte N° 1 et Profil N° 1). Les roches sédimentaires qui recouvrent le noyau éruptif du Machouk, appartiennent au crétacé supérieur et au tertiaire. Tout le sommet et une grande partie des pentes sont formés par les calcaires sénoniens; les roches tertiaires ne se sont conservées qu'à son pied, et entourent de tous les côtés les calcaires. Elles sont représentées en grande partie par les marnes gréseuses de couleur jaunâtre, et plus rarement par des marnes blanches. Ces roches sont quelquefois localement modifiées par l'action des eaux thermales. Les calcaires sénoniens, qui supportent les marnes tertiaires, sont marmorisés, de couleur gris-bleuâtre claire; ils forment des bancs assez épais qui sont souvent traversés par des filons de calcite. Vers le sommet, les calcaires passent à des faciès marneux de couleur bleue plus ou moins foncée, avec interstratifications de couches de marnes feuilletées noirâtres, qui deviennent de plus en plus épaisses. Tout le sommet du Machouk est recouvert par ces calcaires, qui forment l'horizon supérieur du sénonien.

Les roches sédimentaires du Machouk ont toutes les directions possibles, leur plongement, très faible au sommet: (10°, 15°, 20°), atteint son maximum soit 50° à mi-hauteur de la montagne. Les couches tertiaires plongent sous des angles de 20° à 35° et sont partout en concordance avec les calcaires sous-jacents. Nulle part on ne voit affleurer les roches éruptives, bien que les pentes du Machouk soient découpées par de profonds ravins dûs à l'érosion. Un accident très intéressant, nommé le Grand-Proval (grand affaissement), se rencontre dans les calcaires sénoniens au flanc Sud Est du Machouk. Ceux-ci, en s'effondrant sur place par suite d'un vide produit sans doute par un retrait local de la roche éruptive alors qu'elle était encore visqueuse, ont donné naissance à une cavité en forme d'entonnoir, dont l'ouverture circulaire se trouve sur les pentes du Machouk ; une puissante source thermale sulfureuse jaillit au fond de cet entonnoir et y forme un petit lac. Les calcaires des parois du Grand-Proval sont coupés par une large fissure, orientée Nord-Est, qui se continue au Sud du Proval et arrive jusqu'à la surface du sol où on la constate par la présence de petites ouvertures superficielles. Cette fissure est en communication avec une seconde fracture qui longe l'arête de la Goriatchaïa-Gora (montagne chaude). Ces fentes servent de canaux d'ascension aux eaux sulfureuses qui alimentent les sources minérales actuelles de Piatigorsk.

Fig. 2. — Vue du Machouk du côté de Piatigorsk.

Fig. 3. — Vue de la Joutza (flanc Sud-Ouest).

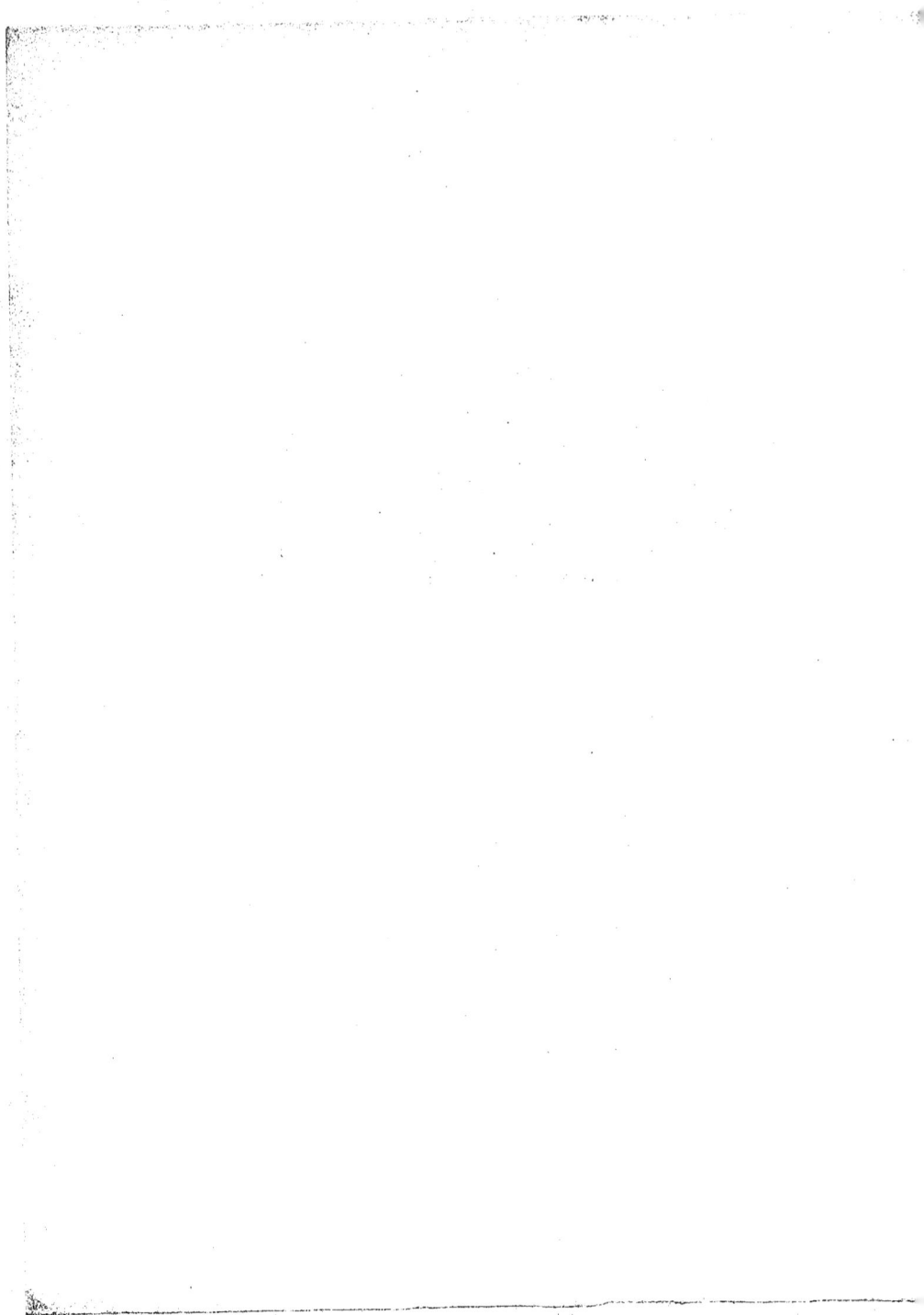

Les travertins jouent un rôle très important dans la constitution des versants du Machouk ; ce sont eux qui forment le prolongement de ses pentes du côté Nord-Est en altérant sa forme primitive régulière. Ils entourent le Machouk presque de tous les côtés, et ne manquent qu'à l'Ouest. Ces travertins appartiennent à différentes époques ; les dépôts des sources actuelles sont localisés au Sud et forment l'élévation de la Goriatchaïa-Gora ; ils sont représentés par un tuf de carbonate de chaux léger et poreux, déposé en couches concentriques. Des travertins en couches plus ou moins épaisses, appartenant à une époque plus ancienne, bordent les pentes du Machouk au Sud-Est et à l'Est, le long de la rivière Podkoumok, dont ils ont également imprégné les alluvions. Au Nord-Est et au Nord, les travertins forment un vaste champ, bientôt recouvert par la végétation de la steppe. On aperçoit plusieurs monticules formés par des travertins près de la colonie Nicolaevka et aussi sur quelques points du côté Sud-Ouest. Ces travertins sont superposés aux marnes tertiaires en différents endroits sur les pentes du Machouk.

§ 2. *Description géologique de la Lisaïa et résumé relatif à ces deux laccolithes.*

A quelques kilomètres au Nord-Est du Machouk s'élève à une hauteur de 754 m. au-dessus du niveau de la mer la montagne Lisaïa, qui, bien que plus volumineuse que le Machouk, lui ressemble cependant par son aspect général. Elle est allongée dans la direction Est-Ouest, son sommet est large et aplati, et ses pentes sont profondément découpées par l'érosion.

La montagne est formée en grande partie par les calcaires sénoniens marmorisés de couleur gris-bleuâtre, qui sont relevés selon son axe et plongent de la même façon qu'au Machouk (Profil N° 2). Ces calcaires sont entourés plus bas par les marnes bleues, les grès micacés et les marnes argileuses schisteuses tertiaires, qui plongent en concordance avec eux. On rencontre au mont Lisaïa, notamment sur le flanc Nord qui est découpé en tous sens par de nombreux ravins, des enfoncements qu'il est difficile d'attribuer exclusivement à l'érosion. La roche éruptive ne paraît affleurer nulle part à la surface. Il convient de remarquer cependant que cette montagne, avec ses innombrables ravins et les épais buissons qui recouvrent la plus grande partie de ses pentes, est trop peu accessible pour permettre d'affirmer que la roche éruptive n'y affleure réellement nulle part.

Ce qui est intéressant au mont Lisaïa, c'est la grande quantité de travertins anciens qui recouvrent ses pentes du côté Est jusqu'à une hauteur assez considérable. Ces travertins forment des couches épaisses et sont superposés aux marnes argileuses schisteuses tertiaires.

En résumé : les monts Machouk et Lisaïa sont des laccolithes entièrement recouverts par les roches sédimentaires ; le sommet et la plus grande partie des pentes sont formés par les calcaires sénoniens ; les roches tertiaires forment une ceinture autour de ces derniers et plongent en concordance avec eux.

§ 3. *Description de la roche éruptive, trouvée dans la steppe au voisinage de la Lisaïa et des enclaves dans la dite roche.*

Dans la contrée plate qui entoure la montagne Lisaïa on observe souvent de très petits monticules de forme arrondie, qu'on dit être des tombeaux des anciens habitants caucasiens de la région. Parmi ces petites élévations de la steppe j'en ai rencontré une, située à quelques kilomètres au Nord-Ouest de la Lisaïa, qui est formée par la roche éruptive presque entièrement recouverte par une couche de terre végétale. Cette roche éruptive est décomposée à la surface et contient des enclaves. Elle est de couleur grisâtre, finement grenue, extrêmement riche en lamelles micacées ; on n'y voit point de feldspaths apparents.

Au microscope, les phéno-cristaux sont abondants et la pâte est relativement réduite.

PHÉNO-CRISTAUX

La première consolidation comporte seulement de la biotite, de l'augite et de l'apatite.

L'apatite se rencontre en sections peu nombreuses et en grains ou prismes allongés avec caractères optiques ordinaires.

La biotite est l'élément le plus abondant de la première consolidation ; les lamelles mesurent jusqu'à deux millimètres et sont souvent corrodées. Elle est uniaxe négative, plus ou moins polychroïque, le plus souvent cependant le polychroïsme est faible ; n_g est alors brun clair, n_p jaune très pâle. Sur d'autres sections le polychroïsme est plus intense et n_g est de couleur beaucoup plus foncée.

Le pyroxène est assez abondant, moins que la biotite cependant. Les sections sont plus petites, trapues, l'allongement prismatique est à peine perceptible. Les cristaux présentent la combinaison des faces m = (110) avec h¹ = (100) et g¹ = (010) ; il existe un léger aplatissement suivant g¹ = (010). On observe aussi des formes pyramidales, très probablement (1 1 1̄), (011) et (101), mais les contours étant corrodés, il est difficile de préciser ces formes. Les clivages m = (110) sont constants, les macles h¹ = (100) assez fréquentes. En lumière naturelle l'augite est légèrement verdâtre, douée d'un fort relief, et présente parfois des zones concentriques régulières ou irrégulières dont la coloration varie, et qui peuvent même être incolores. Au point de vue optique, le plan des axes est ∥ à $g^1 = (010)$. Sur g^1 l'extinction de n_g est de 45°; le signe optique est positif, l'angle des axes voisin de 60°. *Les feldspaths* font totalement défaut dans la première consolidation.

PATE

La pâte est entièrement cristallisée, et formée en presque totalité par des microlithes d'orthose aux formes rectangulaires et allongées, qui sont fréquemment maclés selon Karlsbad. Ces microlithes s'éteignent à 0° ou à peu près de leur allongement négatif, et sont très faiblement biréfringents. Ils sont réunis à de rares petits grains de quartz aux contours flous, qui font localement ciment entre ces microlithes, puis à quelques grains d'augite, des lamelles de mica, et de petites taches verdâtres, qui paraissent être de la chlorite.

La structure est remarquablement fluidale; les éléments de la première consolidation sont alignés parallèlement, de même que les microlithes qui les entourent.

COMPOSITION CHIMIQUE DE LA ROCHE DE LA STEPPE

Si_2O	= 64,02	64,21	1,070		
Fe_2O_3	= 3,02	3,03	0,019	$\}$ 0,163 R_2O_3	
Al_2O_3	= 14,74	14,78	0,144		
CaO	= 3,52	3,53	0,063	$\}$ 0,173 RO	$\}$ 0,293 $(R_2O + RO)$
MgO	= 4,41	4,42	0,110		
K_2O	= 7,37	7,39	0,078	$\}$ 0,120 R_2O	
Na_2O	= 2,63	2,64	0,042		
P.A.F	= 1,32	—	—		
	101,03	100,00			

Coefficient d'acidité $\alpha = 2,708$.
Formule magmatique = 6,56 SiO_2 : R_2O_3 : 1,8 RO.
Rapport R_2O : RO = 1 : 1,44.
Rapport K_2O : Na_2O = 1 : 0,53.

La roche éruptive trouvée dans la steppe contient des enclaves de petite dimension, qui sont, pour la plupart, des fragments de gneiss francs appartenant très certainement à des types profonds, inconnus en affleurements superficiels dans cette région. Sous le microscope, ces fragments de gneiss très largement cristallisés sont formés par la réunion du sphène, du mica noir, de l'orthose, des plagioclases et du quartz.

3

Le *sphène* très abondant, se présente en gros cristaux grisâtres.

La biotite brune, très polychroïque et très décomposée, forme par l'enchevêtrement de ses petites lamelles des concentrations parmi les éléments feldspathiques.

On trouve également quelques petits cristaux d'apatite, puis des grains d'éléments ferrugineux.

Quand aux *plagioclases*, plusieurs sections maclées selon albite donnent des extinctions qui rattachent la variété aux formes voisines de l'andésine.

Ils existent également quelques plages d'*orthose*.

Le *quartz* enfin, qui est abondant, se trouve en grains calés entre les autres éléments.

Le contact de la roche éruptive avec l'enclave est absolument franc, la roche éruptive présente la structure fluidale ; au contact même on n'observe ni phénomènes de résorption, ni phénomènes de métamorphisme.

D'autres enclaves, de couleur noirâtre, avec veinules plissotées blanches, paraissent être des schistes quartzeux, sans doute sédimentaires, et probablement anciens, car ils ne ressemblent pas aux formations tertiaires. Sous le microscope, ces roches très altérées sont formées par des parties alternativement claires et transparentes, et d'autres plus sombres, qui sont tachetées. Les parties claires sont constituées par la réunion de grains de feldspath et de quartz d'assez grande dimension. Les parties plus foncées sont formées par une association finement grenue de quartz, de feldspath très altéré, de très petites lamelles de mica brun, et des produits opaques grisâtres ou noirs, qui sont probablement de nature argileuse.

CHAPITRE III

§ 1. Description géologique de la montagne Joutza. — § 2. Roche éruptive, minéraux constitutifs, structure, composition chimique. — § 3. Description pétrographique des contacts avec les roches sédimentaires et résumé relatif à la Joutza.

§ 1. *Description géologique de la montagne Joutza.*

La Joutza, située à une distance d'à peu près 8 kilomètres au Sud-Ouest du Machouk, appartient à la catégorie des laccolithes presque entièrement recouverts dans lesquels la roche éruptive ne se montre qu'en un seul point. Sa hauteur par rapport au niveau de la mer est de 973 m. Sa forme en dôme arrondi, ses pentes découpées par l'érosion, enfin son allongement apparent dirigé Est-Ouest et causé par des dépôts des travertins, rappellent tout à fait la topographie du Machouk ; la montagne est cependant beaucoup moins volumineuse que ce dernier (Carte N° 2 et Profil N° 3). Elle est formée également en grande partie par les calcaires sénoniens marmorisés, de couleur gris-bleuâtre à sa base, mais qui passent ensuite vers le sommet à des calcaires supérieurs plus marneux, de couleur noirâtre, dont les bancs sont séparés par des couches épaisses de marnes. Leur plongement, qui se fait près du sommet sous des angles de 15°, 10°, 5°, varie sur les pentes entre 25° et 60°. Les marnes tertiaires sont superposées aux calcaires à la base de la montagne, plongeant partout en concordance avec eux.

La roche éruptive n'apparaît qu'en un seul point seulement, au pied du flanc Ouest profondément découpé ici par l'érosion. Les calcaires sénoniens en grande partie décapés en cet endroit, laissent apercevoir la roche éruptive qui forme au milieu d'eux un petit affleurement. Cette roche se distingue facilement par sa couleur grise des calcaires environnants, devenus verdâtres près du contact.

Au Nord de la montagne, on voit des dépôts très considérables de travertins anciens, qui forment des couches horizontales au bord de la petite rivière Joutza.

De nos jours, il n'existe point d'eaux minéralisées au mont Joutza qui ne donne naissance qu'à des sources d'eau douce, dont l'une, excessivement puissante, jaillit sur son flanc Ouest. Non loin de son point de sortie, on observe, le long de la rivière Joutza, des dépôts de travertins modernes, ce qui prouve que tout récemment encore, les eaux de quelques-unes des sources de la Joutza étaient minéralisées.

§ 2. *Roche éruptive, minéraux constitutifs, structure, composition chimique.*

La roche est de couleur grise foncée, avec de nombreuses grandes paillettes de mica.

Sous le microscope elle est à deux temps de consolidation, et se distingue de même que la roche de la steppe, de la plupart de celles des autres laccolithes, par l'absence complète de feldspaths dans la première consolidation. Les phéno-cristaux, très abondants, sont exclusivement constitués par la biotite, l'apatite et l'augite.

PHÉNO-CRISTAUX

L'apatite est extrêmement abondante, et vient comme importance immédiatement après le mica. Elle se présente en longs prismes, qui sont quelquefois terminés par des pyramides, mais qui, le plus souvent sont tronqués aux deux extrémités. On y observe les cassures p. Les sections basales sont hexagonales et montrent un axe optique négatif. L'apatite renferme souvent en inclusions des petits grains ferrugineux ; elle est toujours de grande taille.

La biotite est extrêmement abondante, et forme de larges lamelles de faible épaisseur, qui mesurent de 1,5 jusqu'à 2^{mm}, et dont le contour est souvent fortement corrodé, dans des cas exceptionnels cependant, on observe des formes hexagonales. La biotite est uniaxe négative ; elle s'éteint parallèlement au clivage p = (001) et de plus, est toujours fortement colorée et polychroïque. L'absorbtion se fait comme suit : n_g = brun foncé, quelquefois brun verdâtre, n_p = jaune brunâtre très pâle. On observe très souvent que la coloration et le polychroïsme de la biotite sont beaucoup plus intenses sur la périphérie qu'à l'intérieur des sections. Elle renferme quelques petites inclusions opaques, puis aussi de l'apatite. A côté des lamelles bien individualisées de mica, on trouve çà et là des amas et concentrations locales de petites lamelles du même minéral, enchevêtrées et entrecroisées dans tous les sens, qui sont probablement des produits de première ségrégation.

Le pyroxène est considérablement plus rare que les deux minéraux précédents ; il est également corrodé, généralement incolore, souvent très fortement décomposé, et dans ce cas rempli de produits ferrugineux et surtout de calcite, qui se développe le long des cassures et des clivages. On observe les formes h^1 = (100), g^1 = (010) et les clivages m = (110) bien nets. Le plan des axes est parallèle à g, le signe optique positif, l'angle des axes optiques voisin de 60°. Sur une section g^1 = (010), à peu près centrée par rapport à n_m, on a mesuré des extinctions de 30° et 33°. La biréfringence maxima mesurée au compensateur a une valeur de $n_g - n_p$ = 0,025.

PÂTE

La pâte paraît être entièrement cristallisée ; aux forts grossissements en effet on n'y voit pas de matière vitreuse. Elle est formée en grande majorité par du feldspath en microlithes, ou en grains aux contours souvent irréguliers ou déchiquetés. Ces microlithes sont négatifs en long et s'éteignent sous de très petits angles par rapport à leur allongement. Ce sont évidemment des microlithes d'orthose. Ils sont associés à un peu de quartz en petits grains généralement isolés, qui jouent un rôle très secondaire vis-à-vis de l'orthose. On trouve également parmi les microlithes des petits débris et lamelles de mica noir, puis des nombreux petits grains d'hématite qui ponctuent toute la masse.

STRUCTURE

La structure est franchement microlithique et nettement fluidale. La première consolidation, très abondante, mais de taille relativement petite, présente une orientation parallèle manifeste. La majorité des lamelles de la biotite s'alignent en effet plus ou moins parallèlement à la base p = (001). Les prismes d'apatite suivent également cette disposition générale, et leur axe principal se dispose volontiers parallèlement à la base p du mica. Cette orientation de la première consolidation coïncide d'ailleurs avec la séparation en plaquettes qu'on observe macroscopiquement sur la roche. Les microlithes qui réunissent les éléments de la première consolidation suivent la même disposition générale, et forment une espèce de tissu, dont les éléments, localement orientés, contournent les phéno-cristaux et s'orientent parallèlement à ces derniers.

COMPOSITION CHIMIQUE

SiO_2	= 62,86	64,27	1,071		
Fe_2O_3	= 3,65	3,73	0.023	} 0,145 R_2O_3	
Al_2O_3	= 12,23	12,50	0,122		
P_2O_5	= 0,98	1,10			
CaO	= 3,83	3,91	0,069	} 0,168RO	
MgO	= 3,87	3,96	0,099		} 0,287 (R_2O + RO)
K_2O	= 9,16	9,37	0.099	} 0,119 R_2O	
Na_2O	= 1,23	1,26	0,020		
P.A.F	= 3,37	—	—		
	101,18	100,00			

Coefficient d'acidité x = 2,934.
Formule magmatique = 7,4 SiO_2 : R_2O_3 : 1,9 RO.
Rapport R_2O : RO = 1 : 1,4.
Rapport K_2O : Na_2O = 1 : 0,2.

§ 3. Description pétrographique des contacts avec les roches sédimentaires et résumé relatif à la Joutza.

La roche éruptive de la Joutza entre en contact avec les calcaires sénoniens. Les calcaires grisâtres et compacts, se transforment au contact avec la roche éruptive en une roche grenue, saccharoïde, de couleur verdâtre et plus ou moins tachetée ; cette zone de contact est toutefois de très faible épaisseur.

Sous le microscope, les calcaires métamorphosés sont formés par des grains de calcite, associés à une multitude de grains d'un grenat verdâtre, qui est le seul produit évident du métamorphisme. Lorsque celui-ci est intense, les cristaux de grenat sont bien formés et se présentent en petits dodécaèdres ou en trapézoèdres, qui, en lumière naturelle, sont légèrement brunâtres et parfaitement isotropes. Souvent cependant le grenat est incomplètement développé, et se présente alors sous la forme de cristaux squelettiques, dont la périférie est constituée par du grenat, tandis que le centre est en partie encore occupé par la calcite non transformée. La dimension des grenats est toujours microscopique.

En résumé, la montagne de Joutza est un laccolithe presque complètement recouvert, dans lequel la roche éruptive ne se montre qu'en un seul point dans une crevure d'érosion. La disposition feuilletée et presque fluidale que cette dernière présente sous le microscope par suite de l'orientation manifeste de la biotite de la première consolidation comme aussi des microlithes de la pâte est curieuse, pour une roche qui n'a jamais fait éruption au sens du mot, et qui s'est consolidée sous les assises sédimentaires, représentées dans ce cas par les calcaires sénoniens.

CHAPITRE IV

§ 1. Description géologique du mont Zolotoï-Kourgan. — § 2. Roche éruptive, minéraux constitutifs, structure, composition chimique et résumé relatif au Zolotoï-Kourgan.

§ 1. *Description géologique du mont Zolotoï-Kourgan.*

Cette colline au sommet arrondi, dont les pentes ravinées sont recouvertes d'herbe, ne s'élève que très faiblement au-dessus du niveau de la steppe. Sa hauteur absolue est de 884 m.

Comme la Joutza, le Zolotoï-Kourgan présente un laccolithe presque totalement recouvert par les roches sédimentaires; sa forme est légèrement allongée du Sud-Ouest au Nord-Est (Carte N° 3 et profil N° 4). Les pentes, à la base de la colline, sont formées par une roche gréseuse jaunâtre, par des marnes argileuses tertiaires souvent cachées par la terre végétale, et plus haut par les calcaires sénoniens qui constituent également tout le sommet. Les directions et les plongements des couches sont tout à fait semblables à ceux observés aux monts Machouk, Lisaïa et Joutza, c'est-à-dire que les couches ont toutes les directions possibles, et qu'elles sont relevées selon l'axe de la montagne; le plongement très faible au sommet, atteint 50° sur les pentes.

La roche éruptive ne se montre également qu'en un seul endroit au pied Est de la montagne, et forme plusieurs petites saillies dans les marnes argileuses tertiaires. Elle semble être montée en cet endroit par une petite fracture dans les calcaires sénoniens, puis avoir pénétré dans les roches tertiaires, sous lesquelles elle s'est ensuite consolidée.

A 2 ¹/₂ km. au Nord-Est du Zolotoï-Kourgan, se trouve le lac salé de Tamboukan, le plus grand de la région.; deux autres lacs plus petits sont situés au Nord-Est du Machouk. On a émis différentes hypothèses relativement à l'origine de la minéralisation de ces lacs; la découverte récente des sources faiblement minéralisées qui les alimentent, conduit à supposer que cette minéralisation provient, en grande partie, des substances apportées par ces sources[1]. Cependant, la composition chimique du sol avoisinant, formé ici par les marnes argileuses qui contiennent du gypse, des concrétions de sphéro-sidérite, etc., a pu également jouer un certain rôle dans l'origine de cette salure des eaux, comme l'admettait Mouchketoff[2].

Dans tous les cas, une étude plus détaillée de tous ces lacs serait nécessaire pour résoudre entièrement la question.

§ 2. *Roche éruptive, minéraux constitutifs, structure, composition chimique et résumé relatif au Zolotoï-Kourgan.*

La roche éruptive du Zolotoï-Kourgan est d'un blanc grisâtre, finement grenue, avec de nombreuses lamelles hexagonales de biotite de petite dimension, ainsi que des feldspaths de plus grande taille comme éléments de la première consolidation.

Au microscope la roche est à deux temps de consolidation. Les phéno-cristaux sont représentés par la biotite, le sphène, l'apatite, le pyroxène, les plagioclases et l'orthose. La pâte est entièrement cristallisée, micrograunlitique, et formée essentiellement par du quartz et de l'orthose.

PHÉNO-CRISTAUX

L'apatite peu abondante, avec les propriétés optiques ordinaires, se rencontre le plus souvent en prismes allongés, libres ou en inclusions dans le mica ou le pyroxène.

Le sphène se présente en cristaux à contours géométriques, qui sont libres ou

---

[1] Karpovitch. *Étude du grand lac de Tomboukan.* (Piatigorsk, 1904).
[2] Mouchketoff. *Notices géologiques sur les eaux minérales du Caucase.*

inclus dans les feldspaths. En lumière naturelle ce sphène est légèrement brunâtre. Son signe optique est positif, l'angle des axes est très petit.

La biotite forme l'élément noir prépondérant de la première consolidation. Elle se rencontre en sections de taille très inégale, toujours fortement corrodées, qui gardent cependant un contour hexagonal. Elle est uniaxe négative et s'éteint à 0° du clivage p. Son polychroïsme très intense se fait comme suit : $n_g =$ brun foncé, n_p jaune clair. Elle renferme de nombreuses petites inclusions qui y développent des auréoles polychroïques. On trouve çà et là dans la préparation de véritables nids ou concentrations, formés par la réunion de nombreuses petites lamelles enchevêtrées de biotite, qui ont les mêmes propriétés optiques que celles de la première consolidation. Ces amas sont sans doute des ségrégations basiques. Certaines lamelles de biotite ont une coloration très faible au centre, tandis que la bordure est plus fortement colorée et polychroïque dans les tons ordinaires. Ce fait paraît tenir à une distribution différente du pigment coloré ; la bordure plus polychroïque est d'une biréfringence différente de celle du noyau central.

Le pyroxène, beaucoup plus rare que la biotite, souvent en cristaux corrodés, ou d'autrefois ayant des contours géométriques intégralement conservés, est de consolidation postérieure à celle de la biotite qui s'y trouve parfois en inclusions. Les profils des contours rappellent ceux de l'augite, mais le minéral étant complètement décomposé, il est impossible d'en préciser exactement les caractères optiques. En général, ce pyroxène est transformé en délessite, accompagnée de calcite, qui se localise dans certaines régions de la section. Le pyroxène renferme de nombreuses inclusions de sphène.

Les plagioclases, qui existent à l'état libre, ou sont inclus dans l'orthose, sont fortement corrodés et maclés selon l'albite ou Karlsbad.

Une section, maclée selon albite et perpendiculaire à une bissectrice aiguë n_p, a donné les résultats suivants :

$$\left. \begin{array}{ll} \text{Extinction de 1 } Sn_p = 5° \\ \text{Extinction} \qquad 1' \qquad\; 5° \end{array} \right\} \text{ l'est presque } \perp \text{ à } n_p, \text{ également.}$$

La variété correspond donc à un oligoclase voisin de $Ab_3 An_1$. Dans une autre section, maclée selon albite et très peu biréfringente, les deux individus s'éteignaient également à 0° et donnaient chacun l'image d'une bissectrice aiguë négative bien centrée, avec un angle des axes très petit, caractères qui correspondent assez bien à ceux de l'oligoclase-albite $Ab_4 An$.

L'orthose est en général plus abondant que les plagioclases ; ses caractères optiques sont ceux de la sanidine spéciale à ces différentes roches, dont nous donnerons plus loin la description détaillée.

LA PATE

Elle est entièrement cristallisée, et formée essentiellement par du quartz et de l'orthose, qui constituent les éléments principaux et qui sont réunis à quelques petites lamelles de mica, quelques petits prismes d'apatite, et de tout petits grains de calcite, qui proviennent certainement de la décomposition de l'augite primitive. Les feldspaths ont l'habitus microlithique. Les microlithes carrés sont exclusivement formés d'orthose. Les extinctions se font à 0° de l'allongement qui est négatif.

COMPOSITION CHIMIQUE

$$
\begin{aligned}
SiO_2 &= 69{,}57 \quad 69{,}00 \quad 1{,}150 \\
Fe_2O_3 &= 2{,}43 \quad\ \ 2{,}41 \quad 0{,}015 \left.\begin{array}{l}\ \\ \ \end{array}\right\} 0{,}161\ R_2O_3 \\
Al_2O_3 &= 15{,}10 \quad 14{,}98 \quad 0{,}146 \\
CaO &= 2{,}00 \quad\ \ 1{,}98 \quad 0{,}035 \left.\begin{array}{l}\ \\ \ \end{array}\right\} 0{,}071\ RO \\
MgO &= 1{,}45 \quad\ \ 1{,}44 \quad 0{,}036 \\
K_2O &= 8{,}63 \quad\ \ 8{,}56 \quad 0{,}091 \left.\begin{array}{l}\ \\ \ \end{array}\right\} 0{,}117\ R_2O \\
Na_2O &= 1{,}64 \quad\ \ 1{,}63 \quad 0{,}026 \\
P.A.F &= 0{,}90 \quad\quad\ — \quad\quad — \\
\hline
&\quad\ \ 101{,}72 \quad 100{,}00
\end{aligned}
$$

$$0{,}188\ (R_2O + RO)$$

Coefficient d'acidité $\alpha = 3{,}393$.

Formule magmatique $= 7{,}14\ SiO_2 : R_2O_3 : 1{,}16\ RO$.

$R_2O : RO\ = 1 : 0{,}6$.

$K_2O : Na_2O = 1 : 0{,}28$.

En résumé, le Zolotoï-Kourgan de même que la Joutza appartient aux laccolithes presque entièrement recouverts dans lesquels la roche éruptive n'apparaît que dans un seul point, celle-ci est sensiblement différente, et constitue un type spécial.

————

CHAPITRE V

§ 1. Description géologique de la montagne de Djoutzkaïa. — § 2. Roche éruptive, minéraux constitutifs, structure, composition chimique, et résumé relatif à la Djoutzkaïa.

§ 1. *Description géologique de la montagne de Djoutzkaïa.*

Au delà de la Joutza, les marnes brunes argileuses tertiaires disparaissent, en faisant place aux roches crétacées, représentées aux environs de la Djoutzkaïa par les calcaires marneux et schisteux du sénonien.

La contrée découpée par de nombreux petits cours d'eau, s'élève dès lors très rapidement, pour former le premier contrefort crétacé qui suit ici parallèlement l'arête centrale du Caucase.

La montagne de Djoutzkaïa est fortement allongée du Nord-Est au Sud-Ouest et montre dans cette direction un profil irrégulier, mais si on l'examine depuis le Nord ou le Sud, elle se présente sous la forme d'un cône très régulier, dont la hauteur absolue est de 1200 m. (Carte N° 4 et profil N° 5.)

Cette montagne forme un type intermédiaire entre les laccolithes entièrement recouverts par les roches sédimentaires, et ceux où ces roches sédimentaires ne se sont conservées qu'à la base et ont été dénudées sur le sommet et sur la plus grande partie des pentes

La Djoutzkaïa est constituée en grande partie par des calcaires sénoniens marmorisés, de couleur gris-bleuâtre claire, qui présentent au voisinage du contact des variétés tachetées produites par le développement du grenat. Les calcaires marneux aux teintes noirâtres font ici complètement défaut.

Ces calcaires qui recouvrent les parties Nord, Sud et Ouest du laccolithe en plongeant sur les pentes sous des angles de 30°, 40°, 50°, arrivent jusqu'au sommet, où ils se rompent brusquement, en laissant apercevoir la roche éruptive qui constitue la plus grande partie des pentes Est de la Djoutzkaïa. Cette roche de couleur claire, semblable à celle des calcaires, forme des saillies pointues le long du côté Est, et disparaît plus bas sous une couche épaisse de terre végétale, de même que les calcaires conservés à la base de la montagne.

§ 2. *Roche éruptive, minéraux constitutifs, structure, composition chimique et résumé relatif à la Djoutzkaïa.*

La roche de la Djoutzkaïa est de couleur grisâtre très claire. A l'œil nu, on n'y distingue point de phéno-cristaux à l'exception de quelques lamelles de mica. Toutefois elle contient des amas micacés de forme généralement arrondie, et de dimension souvent très considérable, qui dessinent des taches sombres sur le fond clair de la roche. On y trouve quelquefois, quoique très rarement, de gros grains ou fragments de quartz, qui sont probablement d'origine étrangère.

Au microscope la roche est à deux temps de consolidation, qui ordinairement ne sont pas très bien tranchés. La première consolidation, à l'exception du mica, est excessivement rare, toujours très petite, quelquefois même nulle. Les grands cristaux d'orthose si fréquents dans la plupart des roches des laccolithes, y font presque complètement défaut. Les plagioclases ne s'y rencontrent point, par contre le quartz y apparaît quelquefois, quoique très rarement.

L'élément noir est représenté, en dehors du mica, par le pyroxène et l'amphibole. On y trouve aussi du fer oxydulé.

La biotite est l'élément le plus abondant; elle se rencontre le plus souvent en cristaux aplatis parallèlement a p, et alignés en traînées; elle forme aussi des concentrations de plusieurs grandes lamelles corrodées et morcelées.

La biotite est d'un polychroïsme variable. Dans certaines sections on a $n_g =$ brun foncé, $n_p =$ jaune pâle tandis que dans d'autres, n_g est beaucoup plus pâle. En outre il y a quelquefois une différence sensible du polychroïsme entre le centre et les bords des lamelles. La biotite est uniaxe négative.

L'augite, de couleur vert pâle presque incolore, se rencontre en petites sections, sur lesquelles on reconnaît les profils m $= (110)$, $g^1 = (010)$ et $h^1 = (100)$. Les cristaux sont probablement terminés, mais la corrosion empêche de préciser les formes réalisées. Il y a en tout cas un allongement prismatique marqué, car un grand nombre de sections présentent même un aspect bacillaire qui contraste avec les formes arrondies ou en grains, habituelles aux autres sections. Plusieurs cristaux sont maclés selon $h^1 = (100)$; la macle est sans répétition. L'augite est colorée en vert; elle présente souvent aussi une structure zonée, avec des zones d'inégale biréfringence. Les propriétés optiques sont les suivantes: l'allongement est positif, de même que le signe optique; l'extinction maximum par rapport à l'allongement ne dépasse pas $40°$. La biréfringence est élevée et voisine de celle du diopside. L'augite est généralement assez régulièrement distribuée dans la masse, cependant les cristaux se réunissent souvent aussi pour former des bouquets fibro-radiés analogues à certains sphérolites, mais qui ne sont jamais complets.

La *hornblende* se rencontre en très rares petites sections sans contours; elle est faiblement polychroïque dans les tons grisâtres. Les extinctions sont obliques par rapport aux clivages, le signe de l'allongement est positif. Une section avec des clivages *mm* formant un angle de $120°$ entre eux, a donné une bissectrice obtuse positive. Le petit nombre de sections de cette hornblende n'a pas permis d'en préciser davantage les caractères.

Les feldspaths sont très rares dans la première consolidation, néanmoins on rencontre parfois des sections d'orthose de petite dimension, à habitus microlithique, le plus souvent maclés selon Karlsbad, et qui présentent des propriétés optiques normales.

On trouve en outre, quoique très rarement, d'assez grandes plages non maclées et décomposées du même minéral, contenant du quartz en inclusions.

Le quartz apparaît également très rarement dans la première consolidation, en petites sections arrondies ou en grandes plages; ces plages frappent par leur dimension inaccoutumée; elles sont très fortement corrodées et renferment parfois à l'intérieur une ou deux lamelles d'une biotite qui paraît différente de celle qui constitue la roche. Il n'est pas impossible que ce quartz ait une origine endomorphe et soit un produit de résorption incomplète. Il paraît en être de même d'ailleurs pour les quelques très rares grandes plages de feldspath précédemment citées.

PATE

La pâte, entièrement cristallisée, est essentiellement feldspathique, et formée en grande partie par des microlithes d'orthose allongés suivant pg, à sections rectangulaires, puis en plus petite quantité par du quartz. La disposition du quartz dans la pâte n'est pas régulière; en général la roche est plutôt pauvre en cet élément, mais en différents endroits ses sections s'accumulent et forment de petits amas, produits par l'agglomération de deux ou trois individus à contour polyédrique.

On trouve en outre dans la pâte, des débris de pyroxène, de la biotite, et surtout des aiguilles très allongées d'apatite. Ces aiguilles sont abondantes dans le voisinage des concentrations de mica; elles ont un allongement négatif et des extinctions droites. Il est à remarquer que, lorsque la roche renferme des concentrations micacées, les éléments de la pâte sont plus largement cristallisés, surtout les feldspaths; ces amas de mica représentent sans doute des produits de première ségrégation, cristallisés dans des conditions plus favorables que celles qui ont présidé à la consolidation de la roche éruptive dans sa grande masse.

La première, comme la seconde consolidation, sont orientées parallèlement.

COMPOSITION CHIMIQUE

$$
\begin{aligned}
&SiO_2 &&= 71,38 &&70,48 &&1,174 \\
&Fe_2O_3 &&= 2,70 &&2,67 &&0,016 \quad\Big\} \; 0,156 \; R_2O_3 \\
&Al_2O_3 &&= 14,45 &&14,27 &&0,14 \\
&CaO &&= 1,93 &&1,90 &&0,034 \quad\Big\} \; 0,056 \; RO \\
&MgO &&= 0,92 &&0,91 &&0,022 \\
&K_2O &&= 6,45 &&6,37 &&0,067 \quad\Big\} \; 0,122 \; R_2O \\
&Na_2O &&= 3,44 &&3,40 &&0,055 \\
&P.A.F. &&= 0,56 &&— &&— \\
\hline
& &&101,83 &&100,00
\end{aligned}
$$

$0,178 \, (R_2O + RO)$

Coefficient d'acidité $\alpha = 3,601$.

Formule magmatique $= 7,5 \; SiO_2 : R_2O_3 : 1,14 \; RO$.

$R_2O : RO = 1 : 0,45$.

$K_2O : Na_2O = 1 : 0,82$.

En résumé, la montagne de Djoutzkaïa constitue un laccolithe dans lequel les roches sédimentaires, représentées par les calcaires sénoniens, sont conservées au sommet et à la base de la montagne, tandis que les roches éruptives forment une partie de ses pentes; ces dernières métamorphosent les calcaires et les transforment au contact en variétés granatifères.

La roche éruptive est remarquable par la rareté de la première consolidation et par le développement de l'augite, ainsi que la suppression presque complète du feldspath dans la première consolidation.

Le quartz paraît y être en partie primordial, en partie endomorphe; enfin, la roche renferme des régions plus largement cristallisées et riches en élément noir que la roche elle-même, qui représentent sans doute un premier produit de la différenciation.

CHAPITRE VI

§ 1. Description géologique du mont Beschtaou. — § 2. Roche éruptive, minéraux constitutifs, structure, composition chimique. — § 3. Description pétrographique des contacts avec les roches sédimentaires et résumé relatif au Beschtaou

§ 1. *Description géologique du mont Beschtaou.*

Le Beschtaou est la montagne la plus importante de la région de Piatigorsk; il occupe une position centrale par rapport aux autres laccolithes qui l'entourent : le Maschouk vers le Sud-Est, la Gieleznaïa vers le Nord, la Medovka, le Kaban et l'Ostraïa vers le Nord-Ouest et enfin la Cheloudivaïa vers l'Ouest.

La montagne est formée par une série de môles coniques, qui s'élèvent d'un seul et même massif, individualisé comme tel au point de vue topographique. (Carte N° 5 et profil N° 6.) Le dôme principal cote 1400 m.; il occupe la position centrale; du côté de Gelieznovodsk, au Nord, se trouve un second sommet, le plus considérable et le plus élevé après lui, puis, au Nord-Est et à l'Ouest, deux autres plus petits, dont la forme conique est très régulière. Ces sommets sont reliés au dôme principal par des crêtes assez élevées. Une nouvelle crête au Sud se détache du sommet principal, et à une certaine distance de celui-ci, se relève également en un sommet conique. Depuis ce sommet, vers le Sud, on voit que les pentes du Beschtaou sont formées par une quantité de petites éminences aux formes topographiques variées, formées par la roche éruptive et recouvertes par la végétation. Le dernier sommet du Bechtaou se trouve à l'Est; il présente la forme d'une crête allongée du Nord au Sud, qui est reliée également au dôme central.

Les pentes du Beschtaou sont recouvertes en grande partie par la forêt, à l'exception de quelques-uns des sommets qui sont herbeux. Au milieu de cette végétation percent de nombreux pointements rocheux.

Les différentes parties de la montagne n'ont pas été également atteintes par l'érosion; les cônes du Nord et de l'Ouest sont relativement bien conservés; la partie la plus dénudée est celle du Sud, qui est très rocheuse, et où les roches éruptives affectent souvent la forme de pyramides, tables, etc.

Au point de vue géologique, le Beschtaou forme ce que nous appellerons un laccolithe complexe, c'est-à-dire un laccolithe dans lequel la roche éruptive s'infiltre dans plusieurs différents niveaux des formations sédimentaires, en donnant naissance à plusieurs protubérances distinctes, qui font cependant partie d'un seul et même massif éruptif soulevé.

La dénudation qui a fait en grande partie disparaître la couverture sédimentaire du laccolithe, l'a transformé en un massif continu multimamelonné, circonscrit à la base par des sédiments d'âge différent dans ses diverses parties.

Tout autour, à une certaine distance du Beschtaou, les roches sédimentaires, formées par les marnes argileuses schisteuses tertiaires sont à peu près horizontales, comme on peut s'en apercevoir en suivant les ravins des cours d'eau, mais au voisinage de la montagne elles subissent un redressement manifeste. Ainsi, lorsqu'on s'approche du dôme central, du côté Sud-Est, en suivant le cours de Bolchaïa-Gremoutchka, on voit que les marnes tertiaires qui affleurent sur les bords du ravin de cette petite rivière sont d'abord horizontales, puis au voisinage des roches éruptives du cône, se redressent brusquement, suivant son axe, en plongeant sous des angles de 45°-50° vers l'Est. Ces couches de marnes redressées sont recouvertes par une épaisse couverture formée par des blocs de trachyte de différentes dimensions, en partie décomposés en argile. A mesure que l'on s'approche de la montagne, le plongement des marnes argileuses redressées augmente, en même temps elles passent à des marnes bleues qui deviennent de plus en plus épaisses et riches en carbonate de chaux, celles-ci donnent enfin naissance à des calcaires marneux bleu-foncé, qui sont redressés suivant la verticale à leur contact avec la roche éruptive.

Les roches sédimentaires ont été en partie conservées sur les pentes du grand dôme du Nord, et principalement sur celles du petit cône de l'Ouest. Ici, c'est une

Fig.. 4. — Le Beschtaou, vu depuis le monument de Lermontoff.

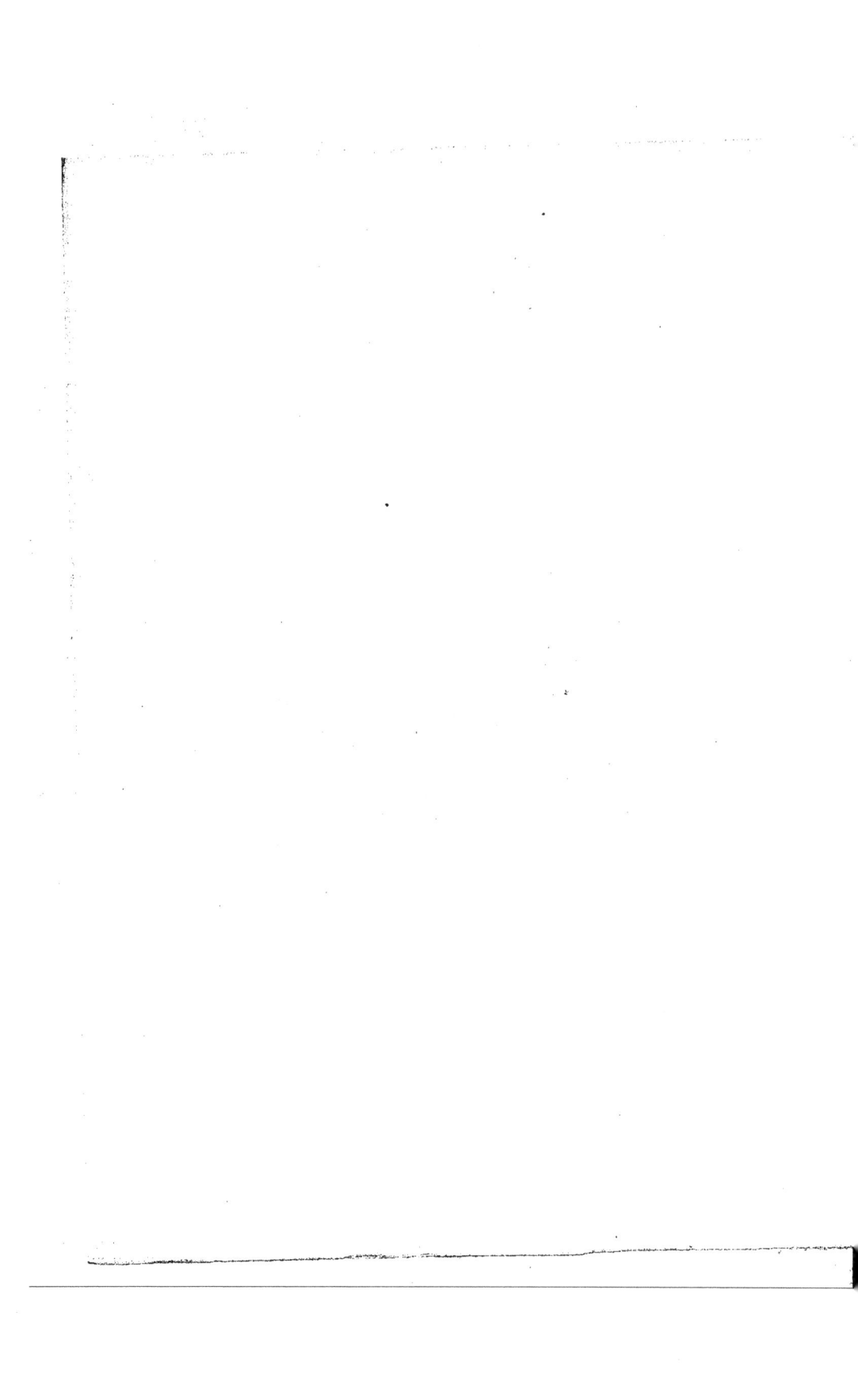

fine couche de calcaires marneux et de marnes argileuses tertiaires, qui enveloppe les pentes des cônes jusqu'à une assez grande hauteur; dans les deux cas, elles sont redressées suivant l'axe de ces cônes. On retrouve également les calcaires marneux et les marnes tertiaires, recouvrant le trachyte le long de la source Barankosch.

Dans la dépression qui se trouve entre les cônes du Nord, de l'Ouest et le cône principal, on rencontre à une certaine hauteur, les marnes argileuses tertiaires, qui se trouvent ici probablement en contact direct avec la roche éruptive, comme le laisse présumer le métamorphisme qu'elles ont subi. Il semble qu'il existe d'autres endroits sur le Beschtaou où les roches éruptives ont pénétré sous les marnes tertiaires et se sont consolidées en contact avec elles, comme c'est le cas chez d'autres laccolithes; la preuve en est dans l'existence du côté Sud-Ouest du Beschtaou, de fragments de roche éruptive de couleur noirâtre, qui n'ont pas été trouvés en place, mais qui appartiennent certainement à cette montagne. Or nous verrons plus loin que ces variétés ne se rencontrent qu'au contact de la roche éruptive avec les marnes argileuses tertiaires.

A l'Est du cône principal, et sous la crête allongée du Nord au Sud, formée par la roche éruptive, à une longueur d'environ un kilomètre, on aperçoit des roches crétacées et tertiaires renversées qui plongent cette fois contre cette crête. La série des roches sédimentaires soulevées d'abord par les roches éruptives, puis renversées par elles, se compose ici de bas en haut de marnes tertiaires, surmontées par toute la série des calcaires sénoniens; ces roches plongent contre la crête sous des angles de 30° à 50°. On remarque des discordances assez considérables dans le plongement des divers paquets de ces calcaires, discordances dûes sans doute à des failles qui se sont produites pendant le renversement de toute la série. Sur ces calcaires on trouve une roche gréseuse, de couleur jaunâtre, en couches assez épaisses qui semblent dépourvues de fossiles.

Ces grès qui se trouvent en contact avec la roche éruptive de la crête, doivent être rapportés à une division du crétacé qui est inférieure aux calcaires sénoniens, probablement à l'horizon supérieur des grès du gault (albien).

L'origine du renversement de la série observé dans cette partie du Beschtaou, ne peut être en aucun cas attribuée à un plissement, ce qui serait absolument contraire à la tectonique générale de la contrée.

D'ailleurs tout près de cette série renversée, on peut observer le long du ruisseau de la Sriedniaïa Gremoutchka, des roches tertiaires absolument horizontales, ce qui prouve que ce renversement est tout à fait local et ne peut être attribué qu'à la poussée directe des roches éruptives. De l'autre côté de la crête, on rencontre sur les pentes du Beschtaou, jusqu'à la source Bolschaïa-Gremoutchka, des calcaires sé-

noniens blancs, marmorisés, et en quelques points, des lambeaux de marnes tertiaires métamorphosés et de grès, probablement correspondants à ceux qu'on trouve
à l'Est de la crête.

Quant à la partie Sud du Bechtaou, je n'ai pas pu y trouver de contacts
entre les roches éruptives et sédimentaires, le sous-sol étant ici recouvert par une
épaisse couche de terrain superficiel, et les roches sédimentaires n'y affleurant nulle
part; mais il semble que les roches éruptives de cette partie du Beschtaou n'ont
jamais été recouvertes que par les marnes argileuses tertiaires ou peut-être encore
par une très fine couche de calcaires marneux crétacés. D'ailleurs, il n'est en
général, guère possible de se faire un tableau tout à fait complet des rapports qui
existent entre les roches éruptives et sédimentaires du Beschtaou, ces dernières étant
presque toujours recouvertes par le terrain superficiel et la végétation. Cependant,
d'après ce qui précède, il résulte que les roches éruptives des différentes parties de
cette montagne se trouvent, selon les endroits, tantôt en contact avec les calcaires
marneux, tantôt avec les marnes argileuses tertiaires, tantôt enfin avec les calcaires
des couches inférieures du sénonien, et même avec les grès de l'albien.

La roche éruptive du Beschtaou présente au voisinage de la surface une disposition litée en bancs plus ou moins épais, voire même quelquefois une structure
presque schisteuse, près de la couverture sédimentaire existante ou disparue. La
schistosité est en général parallèle au plan de stratification des couches sédimentaires
qui forment ou formaient cette couverture.

§ 2. *Roche éruptive, minéraux constitutifs, structure, composition chimique.*

La roche du Beschtaou présente un aspect un peu différent, selon la partie du
laccolithe dont elle provient. Dans les régions situées à une certaine profondeur au-
dessous de la couverture, la roche est très cristalline, de couleur blanchâtre. La
première consolidation est très abondante et de grande taille; elle est formée principalement par les feldspaths mesurant jusqu'à 2 ou 3^{mm}; puis par de la hornblende
en prismes de plus petite dimension et très allongés. On y trouve aussi çà et là,
quelques gros grains de quartz, aux formes arrondies rappelant celles des cristaux
bipyramidés. La pâte est très finement grenue et très homogène.

Dans les variétés prises au sommet, la roche est à grain plus fin et plus
compact. La première consolidation est de la même nature, mais de plus petite
taille. Les gros grains de quartz du type précédent sont rares ou font même complètement défaut. Dans les parties schisteuses, le grain est encore plus fin, bien
que les phéno-cristaux n'y fassent point défaut. Sur le flanc Ouest du Beschtaou, on

trouve des fragments d'une roche de couleur noirâtre, qui renferme une abondante première consolidation essentiellement feldspathique. Cette roche est analogue comme aspect à certaines variétés rencontrées au Kinjal et à la Zmieva, au contact avec les marnes argileuses tertiaires.

Au microscope, la roche du Beschtaou est à deux temps de consolidation.

PHÉNO-CRISTAUX

Ils sont représentés par l'apatite, le sphène, la hornblende, la biotite, l'augite, l'allanite, les plagioclases acides, la sanidine et le quartz.

L'apatite est généralement peu abondante, mais assez constante cependant dans la plupart des roches du Beschtaou. Les cristaux ordinairement de petite taille, atteignent quelquefois cependant d'assez grandes dimensions. Ils sont comme toujours, allongés suivant l'axe du prisme, et présentent la combinaison des faces $10\bar{1}0$, avec 0001; on trouve quelquefois aussi des faces de pyramide. Les propriétés optiques de ce minéral sont normales. L'apatite existe à l'état libre, par conséquent comme phénocristal, ou à l'état d'inclusions dans les feldspaths, la hornblende ou l'allanite.

Le sphène n'est également jamais très abondant quoique d'assez grande taille ; il se présente en grains informes ou en débris allongés de couleur grise, quelquefois cependant on observe de jolis contours cristallographiques; c'est la forme dite en fuseau qui prédomine alors. Les grains sont fréquemment craquelés. On les rencontre à l'état libre ou souvent aussi à l'état de grosses inclusions dans les éléments de la première consolidation. Le sphène est positif, à angle d'axes très petit.

La biotite est très rare et à ce point de vue les roches du Beschtaou contrastent fortement avec celles de la plupart des autres laccolithes. Elle se rencontre en lamelles qui sont généralement incluses dans les feldspaths, quelquefois libres cependant. La biotite est uniaxe négative, fortement polychroïque. $n_g =$ brun-foncé, $n_p =$ jaune pâle.

L'augite est comme la biotite, très rare également; on en trouve ordinairement quelques sections, qui, rarement, ont conservé des profils reconnaissables, dans ce cas: m, h¹ et g¹. Les caractères optiques sont analogues à ceux du même minéral décrit précédemment. L'augite est verte en lumière naturelle, avec distribution inégale du pigment coloré.

L'allanite se rencontre en petites sections brunes et polychroïques, qui ne présentent qu'assez rarement des profils géométriques. Elle est monoclinique, de signe optique négatif, avec une forte dispersion $\rho > v$ et un angle des axes optique petit.

5

Les cristaux sont maclés selon h¹. n_p se trouve dans l'angle aigu ph¹ et forme avec la trace du plan de mâcle h¹ un angle de 35°; ce qui correspond aux caractères donnés pour l'allanite par MM. Rosenbusch et Wulfing, d'après MM. Iddings, Cross et Hobbs. La biréfringence principale mesurée directement a donné: n_g - n_p = 0,037. Le polychroïsme, très intense se fait comme suit : n_g = brun foncé rougeâtre, n_p = jaune pâle. L'allanite se trouve en inclusions dans la hornblende, et aussi à l'état libre parmi les autres éléments. Elle renferme à son tour des inclusions de petits cristaux d'apatite.

La hornblende forme de beaucoup l'élément prépondérant de la première consolidation. Les cristaux de plus grande taille que les autres éléments noirs, sont cependant moins gros que les feldspaths, ils mesurent jusqu'à 3ᵐᵐ de longueur, mais se trouvent en général au-dessous de cette taille. Les cristaux fortement allongés suivant la zone prismatique, présentent généralement des contours géométriques, sur lesquels on peut reconnaître les faces m = (110 et g¹ = (010). Ils existent également des pointements, tels que b ½ = (1 1 1̄) et probablement d'autres faces dont la détermination plus précise n'est pas possible, par le fait que les profils g¹ sont en général très corrodés aux deux extrémités où se trouvent développés les pointements. Les clivages m = (110) sont nets. Les mâcles selon h¹ sont fréquentes mais généralement simples; on observe de plus un accolement des cristaux suivant les faces m. Au point de vue optique cette amphibole est un peu spéciale. Le plan des axes optiques est ∥ à g¹. L'extinction de n_g sur g¹ se fait à 19° de l'arête h¹ g¹, dans l'angle obtus ph. L'allongement est positif, le signe optique négatif; l'angle des axes est très petit, considérablement plus petit qu'il ne l'est d'habitude dans les amphiboles.

La biréfringence, mesurée au compensateur, a été trouvée égale à 0,0175. Le polychroïsme, extrêmement intense, se fait dans les tonalités suivantes : n_g = vert foncé, n_p = vert pâle, n_m = vert d'herbe.

Les plagioclases sont relativement assez abondants, et se rencontrent à l'état libre ou inclus dans les feldspaths potassiques; ils sont généralement de plus petite taille que ces derniers, et d'habitude maclés selon l'albite et quelquefois selon l'albite et Karlsbad. Les déterminations suivantes montrent le caractère de ces plagioclases.

Section Sn_p, maclée selon Ab.

Extinction de 1 Sn_p = 10°.
      »   1¹ = 11°.

1¹ est également presque perpendiculaire à une bissectrice aiguë n_p. Nombre d'autres sections, perpendiculaires ou plus ou moins obliques sur n_p, ont donné les mêmes résultats. Parmi les sections maclées selon l'albite et également perpendiculaires à n_p, il en est qui, avec un angle des axes toujours très petit, s'éteignent presque à 0°. Enfin, on trouve aussi de nombreuses sections maclées selon albite et perpendiculaires à n_m dont les extinctions oscillent entre 3° et 6°. Cet ensemble de caractères montre qu'il s'agit ici de plusieurs termes voisins de la série des oligoclases et des oligoclases albites, mais que l'on peut considérer comme anormaux, par le fait que l'angle des axes optiques, qui est toujours petit, a une valeur variable, mais notablement inférieure à celle de tous les plagioclases connus.

La *sanidine*, de grande taille, forme l'élément prépondérant de la première consolidation; elle est souvent allongée suivant pg. Quelques sections sont maclées selon Karlsbad. Sur les sections bien centrées, l'extinction de n_p se fait à 5° ou 6° de l'arête pg, dans l'angle obtus. La bissectrice aiguë est négative, l'angle des axes est variable, mais toujours très petit et parfois même égal à 0°. Les sections perpendiculaires à la bissectrice montrent la trace des clivages p et g¹. La biréfringence n_g - n_p est très faible, celle de n_g - n_m presque nulle.

Le *quartz* est ordinairement assez rare et ne se rencontre pas dans toutes les préparations. Il apparaît en grains arrondis bipyramidés, ou en grandes plages corrodées.

PATE

La pâte est très largement cristallisée, et formée exclusivement par du quartz et de l'orthose, avec çà et là quelques petits grains de fer oxydulé. La structure est parfaitement microgranulitique. Le quartz et les feldspaths sont idiomorphes, en petits grains aux formes arrondies. Dans les variétés qui se trouvent au contact avec les marnes tertiaires, la structure est la même, mais la roche est pour ainsi dire saupoudrée d'une très fine poussière opaque, qui lui communique une teinte noire; les éléments opaques circonscrivent volontiers les grains de quartz ou de feldspath et leurs forment pour ainsi dire une petite couronne. En examinant les variétés situées au voisinage de la couverture sédimentaire, ou au contraire dans les parties plus profondes du laccolithe, on voit que la cristallinité de la pâte au point de vue de la dimension du grain, va en décroissant de la périphérie vers le centre.

COMPOSITION CHIMIQUE

Trois types différents du Beschtaou ont été analysés : le N° V provient du petit cône de l'Ouest, près du point de contact avec les calcaires marneux, le N° VI du versant Nord-Est de la montagne et des parties plus profondes, et le N° VII, du versant Sud-Ouest.

Analyse du N° V.

$$
\begin{array}{llll}
SiO_3 & = & 64,62 & 64,59 & 1,076 \\
Fe_2O_3 & = & 2,68 & 2,68 & 0,016 \\
Al_2O_3 & = & 18,22 & 18,21 & 0,178 \\
CaO & = & 1,56 & 1,56 & 0,027 \\
MgO & = & 0,57 & 0,57 & 0,014 \\
K_2O & = & 8,34 & 8,33 & 0,088 \\
Na_2O & = & 4,07 & 4,06 & 0,065 \\
P.A.F. & = & 0,76 & -- & -- \\
\end{array}
$$

$0,194\,R_2O_3$

$0,041\,RO$

$0,153\,R_2O$

$0,194\,(R_2O + RO)$

100,82   100,00

Coefficient d'acidité $\alpha = 2,737$.

Formule magmatique $= 5,5\ SiO_2 : R_2O_3 : RO$.

$R_2O : RO = 1 : 0,26$.

$K_2O : Na_2O = 1 : 0,73$.

Analyse du N° VI.

$$
\begin{array}{llll}
SiO_2 & = & 73,17 & 72,77 & 1,213 \\
Fe_2O_3 & = & 2,24 & 2,23 & 0,013 \\
Al_2O_3 & = & 14,33 & 14,25 & 0,139 \\
CaO & = & 2,14 & 2,13 & 0,038 \\
MgO & = & 0,44 & 0,44 & 0,011 \\
K_2O & = & 4,45 & 4,42 & 0,046 \\
Na_2O & = & 3,78 & 3,76 & 0,060 \\
P.A.F. & = & 0,26 & -- \\
\end{array}
$$

$0,152\,R_2O_3$

$0,049\,RO$

$0,106\,R_2O$

$0,155\,(R_2O + RO)$

100,81   100,00

Coefficient d'acidité $\alpha = 3,316$.

Formule magmatique $= 7,9\ SiO_2 : R_2O_3 : RO$.

$R_2O : RO = 1 : 0,46$.

$K_2O : Na_2O = 1 : 1,3$.

Analyse du N° VII.

$$
\begin{array}{llll}
\text{SiO}_2 & = & 71,20 & 71,02 & 1,183 \\
\text{Al}_2\text{O}_3 & = & 14,39 & 14,35 & 0,140 \\
\text{Fe}_2\text{O}_3 & = & 2,13 & 2,11 & 0,013 \;\big\} \; 0,153\, \text{R}_2\text{O}_3 \\
\text{CaO} & = & 2,40 & 2,40 & 0,042 \\
\text{MgO} & = & 0,41 & 0,41 & 0,010 \;\big\} \; 0,053\, \text{RO} \\
\text{K}_2\text{O} & = & 5,74 & 5,73 & 0,061 \\
\text{Na}_2\text{O} & = & 3,99 & 3,98 & 0,064 \;\big\} \; 0,125\, \text{R}_2\text{O} \\
\text{P.A.F.} & = & 0,88 & - & - \\
\end{array}
$$

$$0,180 \; (\text{R}_2\text{O} + \text{RO})$$

$$101,14 \qquad 100,00$$

Coefficient d'acidité $\alpha = 3,698$.

Formule magmatique $= 7,69\ \text{SiO}_2 : \text{R}_2\text{O}_3 : 1,17\ \text{RO}$.

$\text{R}_2\text{O} : \text{RO} = 1 : 0,46$.

$\text{K}_2\text{O} : \text{Na}_2\text{O} = 1 : 1,04$.

§ 3. Description pétrographique des contacts avec les roches sédimentaires et résumé relatif au Beschtaou.

Le Beschtaou n'est point un laccolithe qui se prête à l'étude détaillée des phénomènes de contact. Cependant au Sud-Est, derrière la crête de trachyte, on trouve des calcaires qui sont évidemment à une très petite distance du contact masqué ici par la végétation, et dans lesquels on trouve sous le microscope des petits grenats disposés par taches, et encore mal individualisés. Ces roches sont d'ailleurs absolument identiques aux calcaires marmorisés trouvés sur les autres laccolithes, à une certaine distance des contacts.

On peut aussi observer le contact direct des trachytes avec les calcaires marneux sur les pentes du petit cône de l'Ouest, toutefois ces calcaires marneux ne paraissent pas avoir été transformés par la roche éruptive d'une manière appréciable. Sous le microscope, ils sont formés d'une base argileuse opaque grisâtre, dans laquelle on trouve une quantité de petits grains de calcite, et aussi çà et là, quelques petits grains de quartz. La roche éruptive ne présente également aucun changement, à l'exception de la diminution du grain de la pâte.

Quant aux marnes que l'on rencontre dans un enfoncement entre les trois dômes du côté Nord-Ouest, il est probable qu'elles représentent aussi un produit de métamorphisme, bien qu'on ne voie pas leur contact immédiat avec la roche éruptive du Beschtaou. Ces marnes sont en effet très différentes de celles qu'on rencontre dans la plaine aux abords du laccolithe : elles sont noirâtres et extrêmement friables.

Sous le microscope elles présentent en coupes très minces l'aspect d'une masse brun rougeâtre, opaque, dans laquelle on observe çà et là quelques taches plus claires polarisant à la façon des agrégats, mais dont il est impossible de déterminer la nature.

En résumé, le Beschtaou présente un laccolithe complexe, formé de plusieurs protubérances supportées par un socle commun. Les couches sédimentaires sont en général, comme toujours, relevées suivant les axes des divers dômes qui forment les sommets de la montagne; cependant dans la partie Est de celle-ci, le long de la grande crête dirigée du Nord au Sud, les couches crétacées sont renversées sur le versant Est de cette crête, et recouvrent manifestement les marnes tertiaires; au-dessus de cette série renversée, les roches éruptives forment une arête saillante.

La roche du Beschtaou est la plus largement cristallisée et la plus franchement granulitique de toutes celles des divers laccolithes de la région. Elle entre en contact avec différents niveaux du crétacé, on la voit tour à tour en contact avec les grès quartzeux de l'albien, avec les calcaires sénoniens de différents niveaux, et probablement même avec les marnes tertiaires, bien que les contacts directs avec cette formation n'aient pas été observés. La roche éruptive développe dans les assises crétacées des phénomènes de métamorphisme, toutefois l'intensité de ce métamorphisme varie avec la nature des assises; très faible dans les calcaires argileux passant aux marnes, il est au contraire maximum dans les calcaires purs, mais, comme toujours, la zone affectée par le métamorphisme est très mince.

CHAPITRE VII

§ 1. *Description géologique des petits laccolithes des environs du Beschtaou.*

A l'Ouest du Beschtaou se trouve la petite Cheloudivaïa qui cote 873 m. et qui, jusqu'à la moitié de sa hauteur, est recouverte par le terrain meuble superficiel

Fig. 5. — Mont Ostraia.

Fig. 6. — Mont Medovka.

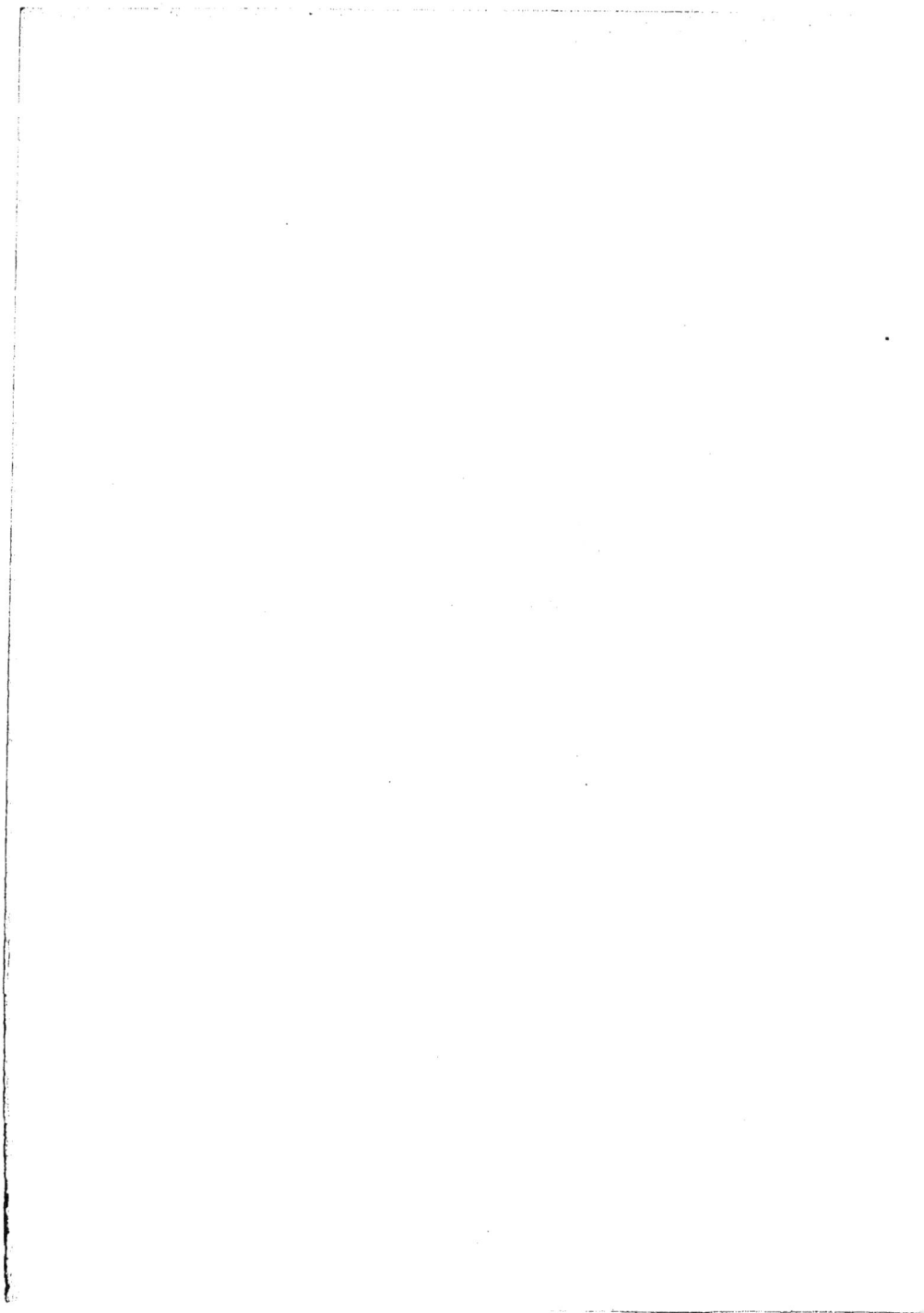

et la végétation ; cette partie à pentes relativement plus douces, est surmontée par une crête, formée par la roche éruptive et allongée de l'Ouest à l'Est. (Carte N° 5.)

Plus au Nord se trouve l'Ostraïa, qui présente une crête tranchante de 880 m. de hauteur, très allongée dans la direction Sud-Ouest-Nord-Est et fortement comprimée perpendiculairement à cette direction. Une pente d'herbe la recouvre du côté du Beschtaou, en ne laissant apercevoir que le haut de la crête. Du côté opposé, elle présente une muraille verticale, formée par la roche éruptive ; à son pied sont entassés d'énormes éboulis ; quelques petits lambeaux de calcaires marneux soulevés par la roche éruptive se sont conservés à son extrémité Nord.

Un peu plus loin au Nord, au milieu de la forêt, s'élève le Kaban, qui est également un petit rocher trachytique, allongé du Nord au Sud et aplati au sommet.

Enfin, plus au Nord encore, se trouve la petite Medovka (721 m.), également formée entièrement par la roche éruptive. Cette montagne présente la forme très régulière d'un éventail ouvert, fortement allongé du Sud-Ouest au Nord-Est, et très étroit perpendiculairement à cette direction.

On pourrait peut-être prendre ces montagnes pour des filons mis au jour par la dénudation ; cependant la structure de leurs roches éruptives montrant qu'elles ont subi l'influence de la pression et du poids des sédiments qui se trouvaient au-dessus, elles doivent être rattachées plutôt aux formations précédentes. En effet, les roches éruptives de ces petites montagnes ont partout une structure schisteuse, et forment des minces feuillets, disposés en couches concentriques. Ainsi la roche éruptive du Kaban dessine au sommet une sorte de voûte par la disposition concentrique de ces feuillets.

§ 2. Description pétrographique de la roche de la Cheloudivaïa.

C'est une roche blanchâtre, à grain très fin, dont la première consolidation est de très petite taille.

Au microscope la roche est à deux temps.

PHÉNO-CRISTAUX

Ils sont représentés par l'allanite, le sphène, la biotite, les plagioclases, l'orthose et le quartz.

L'allanite forme plusieurs sections brunes, polychroïques, qui ont exactement les mêmes propriétés optiques que celles du même minéral décrites dans la roche du Beschtaou.

Le sphène, rare également, se présente en fuseaux d'assez grande dimension ;

il est ordinairement décomposé à la périphérie, avec formation de produits ferrugineux qui l'épigénisent même parfois complètement.

La biotite se trouve ordinairement en quelques très petites lamelles aux propriétés optiques ordinaires.

Les plagioclases sont en général décomposés, de petite taille, et se rencontrent à l'état libre ou groupés en associations avec la sanidine. Plusieurs sections maclées selon l'albite, et perpendiculaires à une bissectrice aiguë n_{g}, ont donné des extinctions variant entre 8° et 12° pour 1 et 1'. Les extinctions ne sont pas tout à fait symétriques sur les deux individus. 1' montre également l'image d'une bissectrice. Ces caractères indiquent que le plagioclase appartient à la série des oligoclases.

La sanidine a caractères ordinaires est peu abondante comparativement à ce qu'on rencontre dans la plupart des autres roches laccolithiques.

Le quartz existe en cristaux bipyramidés aux contours arrondis, peu nombreux, mais de grande taille.

PATE

Elle est considérablement moins cristalline que celle de la roche du Beschtaou, et formée par du quartz, et de l'orthose en petits grains ou sections carrées qui sont de forme intermédiaire entre les grains proprement dits et les microlithes. Tous les éléments de la pâte n'ont pas la même dimension, et les petits cristaux d'orthose sont disséminés en très grand nombre dans une base entièrement cristalline, formée par du quartz et du feldspath de toute petite dimension.

§ 3. *Description pétrographique de la roche de l'Ostraïa.*

Cette roche de couleur grisâtre, souvent rosée, est très riche en première consolidation, représentée principalement par les feldspaths.

Au microscope on trouve dans le premier temps quelques rares sections d'*apatite*, de la *biotite* de plus petite taille que l'élément blanc, très peu d'*augite*, du *sphène*, puis des *feldspaths* représentés surtout par de grandes plages de *sanidine*, à caractères ordinaires. Cette sanidine moule des plagioclases, qui sont rares, mais quelquefois de grande taille, et maclés selon l'albite, ils appartiennent à la catégorie des plagioclases acides.

PATE

Elle est essentiellement microlithique, et formée par des petits microlithes d'orthose très courts, aux formes carrées, associés à très peu de biotite, à des petits

grains ferrugineux, et à du quartz en petites plages développées plutót régionale-
ment, rares en certains endroits et abondantes sur d'autres. La roche renferme
quelques grains de calcite d'origine secondaire.

§ 4. Description pétrographique de la roche du Kaban.

La roche du Kaban, comme du reste celles des petites montagnes précédentes,
présente divers aspects selon les points où on la rencontre. Près de la surface, elle
est grisâtre, délitée en minces plaquettes, et pourrait être prise de loin pour une
roche sédimentaire schisteuse. Plus bas elle est encore plus ou moins litée, de couleur
grise, assez riche en première consolidation feldspathique, tandis que l'élément noir
y est très abondant; plus profondément enfin, la roche garde la même consolidation
feldspathique à laquelle s'adjoignent de nombreuses petites lamelles hexagonales
de mica noir.

Au microscope la roche est à deux temps de consolidation.

PHÉNO-CRISTAUX

Ils sont représentés par de l'apatite, du sphène, de la biotite, de l'augite et des
feldspaths.

La *biotite* contient fréquemment des inclusions d'*apatite;* ce même minéral en
jolis prismes allongés et d'assez grande taille se trouve à l'état libre dans la pâte.

Le *sphène* se rencontre en petites sections rares et décomposées, mais reconnaissables à leurs formes géométriques.

On trouve aussi dans les coupes de la roche du Kaban, de nombreuses taches
ayant les profils de l'*augite*, et occupées entièrement par de la calcite; elles se rappor-
tent évidemment à un pyroxène dont on ne rencontre point de sections conservées.
On peut seulement confirmer que ce pyroxène est postérieur à la biotite, car on trouve
des petites lamelles de cet élément, incluses dans les plages calcifiées du pyroxène.

Les *feldspaths* appartiennent en grande partie au groupe de la *sanidine* et se
rencontrent en grandes plages, ayant quelquefois des contours géométriques sur
lesquels on reconnaît les profils p, h¹ a¹, avec aplatissement parallèle à g¹, et allongement *pg*. On trouve aussi, dans la sanidine quelques rares sections d'*oligoclase*
acide, maclées selon l'albite.

PATE

Elle est très fine, microlithique, et formée principalement par des microlithes
courts d'orthose, associés çà et là à quelques rares petits grains d'augite calcifiés, à

6

de très petits grains ferrugineux assez abondants, puis à du quartz, distribué inégalement parmi les microlithes.

Dans les variétés voisines de la surface, l'orientation parallèle des éléments de la première consolidation est absolument manifeste.

COMPOSITION CHIMIQUE

$$
\begin{array}{lrrrl}
SiO_2 & = & 69,33 & 69,05 & 1,151 \\
Fe_2O_3 & = & 3,04 & 3,03 & 0,019 \\
Al_2O_3 & = & 14,75 & 14,69 & 0,144 \\
CaO & = & 2,54 & 2,53 & 0,043 \\
MgO & = & 1,12 & 1,12 & 0,028 \\
K_2O & = & 6,59 & 6,56 & 0,069 \\
Na_2O & = & 3,03 & 3,02 & 0,048 \\
P.A.F. & = & 2,00 & - & - \\
\end{array}
$$

$0,019$ et $0,144$: $0,163\,R_2O_3$

$0,043$ et $0,028$: $0,071\,RO$

$0,069$ et $0,048$: $0,117\,R_2O$

$0,188\,(R_2O + RO)$

$$102,40 \qquad 100,00$$

Coefficient d'acicité $\alpha = 3,365$.

Formule magmatique $= 7,06\ SiO_2 : R_2O_3 : 1,15\ RO$.

$R_2O : RO\ = 1 : 0,6$.

$K_2O : Na_2O = 1 : 0,69$.

§ 5. *Description pétrographique de la roche de la Medovka.*

Les échantillons examinés ont été récoltés dans les parties assez profondes du laccolithe; la roche est grisâtre, trachytoïde, assez riche en phéno-cristaux de feldspath et de mica noir.

Au microscope la roche est à deux temps. Les minéraux de la première consolidation sont en partie décomposés, et comportent de petites sections d'*apatite* peu nombreuses de la *biotite* uniaxe négative très fortement polychroïque $n_g =$ brun noirâtre, $n_p =$ jaune paille, plusieurs très petites sections d'*augite* verte, en inclusions dans l'élément blanc, et des *feldspaths*, représentés exclusivement par la *sanidine* en grands cristaux, souvent maclés selon Karlsbad, formant des agrégats. Çà et là des petits amas de magnétite. Les différents éléments de la première consolidation présentent d'énergiques corrosions magmatiques. Ils sont souvent décomposés et la biotite se charge de produits opaques ferrugineux, tandis que l'augite se transforme en calcite.

PÂTE

Elle est formée par l'enchevêtrement de microlithes rectangulaires d'orthose, avec du quartz; par places le quartz prend la disposition spongieuse qu'il a dans la structure globulaire. On trouve dans la pâte des petits grains ferrugineux en assez grande abondance.

COMPOSITION CHIMIQUE

SiO_2	$=$	67,50	68,23	1,137		
Fe_2O_3	$=$	2,46	2,49	0,015		
Al_2O_3	$=$	14,77	14,93	0,146	$0,161\,R_2O_3$	
CaO	$=$	3,15	3,19	0,056		
MgO	$=$	1,32	1,33	0,033	$0,089\,RO$	
K_2O	$=$	6,60	6,67	0,071		$0,211\,(R_2O + RO)$
Na_2O	$=$	3,13	3,16	0,051	$0,122\,R_2O$	
P.A.F.	$=$	2,11	—			
		101,04	100,00			

Coefficient d'acidité $\alpha = 3,242$.

Formule magmatique $= 7,06\,SiO_2 : R_2O_3 : 1,3\,RO$.

$R_2O : RO\quad = 1 : 0,72$.

$K_2O : Na_2O = 1 : 0,71$.

CHAPITRE VIII

§ 1. Description géologique de la montagne Gelieznaïa. — § 2. Roche éruptive, minéraux constitutifs, structure, composition chimique, contacts avec les rocs sédimentaires et résumé relatif à la Gelieznaïa.

§ 1. *Description géologique de la montagne Gelieznaïa.*

La montagne Gelieznaïa qui donne naissance à toute une série de sources minérales ferrugineuses, et sur les pentes de laquelle se trouve la station balnéologique de Gelieznovodsk, est située au Nord du Beschtaou, entre cette montagne et la Razvalka, dont elle se rapproche beaucoup. (Carte N° 5 et profil N° 7). Sa hauteur est de 856 m.; sa forme conique est assez régulière. Le sommet ainsi qu'une grande partie des pentes qui sont entièrement recouverts par une épaisse forêt, sont formés par la roche éruptive. Les roches sédimentaires dénudées au sommet, se sont conservées à une plus ou moins grande hauteur sur les pentes du cône, contre lequel elles s'appuient. Ce sont à la surface des marnes schisteuses, qui s'épaississent en profondeur, et se transforment en calcaires marneux de couleur gris bleuâtre au contact avec la roche éruptive. Toutes ces roches ont été rapportées par différents auteurs au tertiaire; cependant à en juger d'après les caractères pétrographiques de ces calcaires, il paraît plus juste de les rapporter aux couches supérieures du sénonien. Mais il semble qu'il y a des points sur la Gelieznaïa, comme par exemple dans la partie Sud-Est, où la roche éruptive se trouve en contact direct avec les marnes argileuses sans l'intermédiaire des calcaires marneux. Ces roches qui entourent le cône de la Gelieznaïa ainsi que son embranchement Sud-Est, s'appuient contre la montagne et plongent partout où elles sont visibles sous des angles variant entre (20°, 25°, 30°). Elles montent le plus haut du côté Nord-Ouest, et y sont représentées par des calcaires marneux bleuâtres.

Les roches éruptives et sédimentaires de la Gelieznaïa sont habituellement recouvertes par une couche plus ou moins épaisse d'alluvions des pentes, qui les masque souvent complètement.

Une couche de travertins ferrugineux-calcaires de composition variée, forme une ceinture presque ininterrompue autour de la base de la Gelieznaïa.

§ 2. *Roche éruptive, minéraux constitutifs, structure, composition chimique, contacts avec les roches sédimentaires et résumé relatif à la Gelieznaïa.*

La roche éruptive est de couleur grisâtre ou blanchâtre, à pâte très fine, à première consolidation abondante et d'assez grande taille, mais pauvre en élément noir qui n'est représenté que presque exclusivement par le mica. Elle présente partout un aspect plus ou moins grossièrement lité.

PHÉNO-CRISTAUX

Ils sont formés principalement par la sanidine et la biotite.

La biotite se rencontre en petites lamelles brunes, polychroïques, et fréquemment décomposées. Ces lamelles sont corrodées à la surface et présentent souvent une coloration périphérique, tandis que le centre est incolore. Les caractères optiques

Fig. 7. — Vue de la montagne Gelieznaïa du côté de Gelieznovodsk.

Fig. 8. — Razvalka, vue depuis le mont Gelieznaïa.

sont ordinaires. Le polychroïsme se fait comme suit : n_g = brun verdâtre foncé, n_p = brun très pâle, presque incolore.

La biotite renferme des inclusions d'élément ferrugineux opaque.

On rencontre en outre quelques rares petites sections *d'apatite* et de *sphène*, — ce dernier complètement décomposé.

La sanidine constitue à elle seule la presque totalité de la première consolidation; ses cristaux fortement corrodés sont souvent agrégés en plages par la réunion de plusieurs individus, et renferment quelques très rares petites sections de *plagioclases* de la série acide. La sanidine est parfois maclée selon Karlsbad; l'angle des axes optiques est nul.

On trouve aussi dans les différentes parties de la roche quelques grains corrodés de *quartz* de beaucoup plus petite dimension que les feldspaths, et qui sont peut-être d'origine endomorphe.

LA PÂTE

La pâte est entièrement cristallisée et formée par des éponges et des petits microlithes courts et mal individualisés de feldspath toujours prédominant, joint à relativement peu de quartz.

On y trouve également quelques petites lamelles de biotite plutôt rare, puis une fine poussière de grains opaques de nature ferrugineuse.

COMPOSITION CHIMIQUE

SiO_2 =	71,39	70,63	1,177		
Fe_2O_3 =	2,70	2,67	0,016	$0,162 R_2O_3$	
Al_2O_3 =	15,06	14,90	0,146		
CaO =	1,66	1,64	0,030	$0,043$ RO	
MgO =	0,54	0,54	0,013		$0,161 (R_2O + RO)$
K_2O =	6,70	6,63	0,070	$0,118 R_2O$	
Na_2O =	3,02	2,99	0,048		
P.A.F. =	1,11	—	—		
	102,18	100,00			

Coefficient d'acidité α = 3,604.

Formule magmatique = 7,26 SiO_2 : R_2O_3 : 0,99 RO.

R_2O : RO = 1 : 0,36.

K_2O : Na_2O = 1 : 0,68.

Aux contacts observés de la roche éruptive avec les calcaires marneux, les deux roches sont décomposées et donnent des produits argileux sur une très petite épaisseur. Les fragments de la roche éruptive, pris à une faible distance du contact, ne présentent, examinés sous le microscope, aucun changement; ils renferment seulement quelques sections d'augite, reconnaissable à ses profils, mais complètement épigénisée en hématite; les produits ferrugineux paraissent être un peu plus abondants et les éléments présentent une structure légèrement fluidale. Les calcaires marneux, récoltés immédiatement au delà de la zone décomposée dont il a été question, ne présentent aucune trace de métamorphisme quelconque.

En résumé, la Gelieznaïa est un laccolithe en grande partie formé par la roche éruptive, contre laquelle viennent s'appuier les roches sédimentaires, représentées par les calcaires marneux des couches supérieures du sénonien et les marnes argileuses tertiaires.

La roche éruptive est caractérisée par la très petite quantité d'élément noir et de plagioclases dans la première consolidation, dont la presque totalité est composée par la sanidine. La pâte est formée en grande partie par les feldspaths, associés à relativement peu de quartz.

CHAPITRE IX

§ 1. Description géologique de la Razvalka. — § 2. Roche éruptive, minéraux constitutifs, structure, composition chimique et résumé relatif à la Razvalka.

§ 1. *Description géologique de la Razvalka.*

Au Nord-Est de la Gelieznaïa et tout près de cette montagne, se trouve la Razvalka, qui est suivie plus à l'Est de la Zmieva, et dont la hauteur est de 925 m. Au Nord-Ouest ses pentes s'abaissent petit à petit vers la dépression qui la sépare du Byk (carte N° 5). La montagne est fortement allongée du Nord au Sud, et très démantelée par l'érosion, ce qui ne permet pas de se faire une idée complète de sa forme primitive. Son extrémité Sud est plus élevée que celle du Nord. Les pentes rocheuses, recouvertes de forêt, sont très abruptes et présentent souvent des murailles verticales. Des blocs immenses de roche éruptive provenant de la Razvalka, sont dispersés sur ses pentes, quelquefois à une assez grande distance de la montagne. Des nombreux ruisseaux ont creusé leurs lits dans les argiles tendres tertiaires qui se trouvent au pied de la montagne, en érodant les pentes, et en donnant naissance à des petits monticules recouverts par la végétation.

La Razvalka est entièrement formée par la roche éruptive. Les sédiments ne s'y sont conservés qu'à la base, et y sont recouverts par une couche de terrain meuble superficiel qui atteint souvent une épaisseur très considérable. Partout où l'on peut les apercevoir au pied de la Razvalka, ils sont représentés par les marnes argileuses schisteuses tertiaires. La roche éruptive a dû sans doute pénétrer sous ces marnes, et n'a probablement soulevé que celles-ci, mais comme leurs affleurements sont très rares, les plongements des roches sédimentaires ne peuvent être relevés qu'en un très petit nombre de points, et par conséquent, les rapports entre les roches éruptives et sédimentaires ne peuvent être déterminés que très approximativement.

§ 2. Roche éruptive, minéraux constitutifs, structure, composition chimique et résumé relatif à la Razvalka.

La roche éruptive est de couleur grisâtre, avec une première consolidation assez abondante, comprenant de la sanidine et du mica noir, ce dernier quelquefois altéré et décomposé en éléments ferrugineux.

PHÉNO-CRISTAUX

La première consolidation est essentiellement feldspathique ; cependant, outre les feldspaths, elle contient encore des phéno-cristaux d'apatite, de sphène et de biotite.

L'apatite est rare et se rencontre en petites sections avec caractères habituels.

Le sphène, également très rare, est d'habitude décomposé et transformé en produits ferrugineux.

La biotite se rencontre en lamelles plutôt petites, toujours fortement décomposées. Elle est brunâtre, polychroïque, très corrodée, l'altération la rend tachetée et la charge de produits ferrugineux.

La sanidine forme à elle seule la plus grande partie de la première consolidation; elle se présente en cristaux arrondis et corrodés, presque toujours groupés en plages formées par la réunion de plusieurs individus. Les propriétés optiques de cette sanidine sont celles déjà décrites.

Les plagioclases sont rares et se rencontrent en petits individus, inclus dans les plages d'orthose; ils appartiennent vraisemblablement à la série des oligoclases.

LA PATE

Elle est entièrement cristallisée et formée par des petites plages et des microlithes courts d'orthose, réunis à des grains de quartz, des grains opaques d'élément ferrugineux plutôt rares, et à des toutes petites lamelles de biotite peu nombreuses. On observe en plusieurs points des associations spongieuses de quartz et de feldspath, qui rappellent les globules des porphyres globulaires.

COMPOSITION CHIMIQUE

SiO_2 =	70,66	70,12	1,184		
Fe_2O_3 =	2,90	2,88	0,139	0,157 R_2O_3	
Al_2O_3 =	14,33	14,22	0,018		
CaO =	1,94	1,93	0,034	0,052 RO	
MgO =	0,70	0,70	0,017		0,181 (R_2O + RO)
K_2O =	6,27	6,22	0,066	0,129 R_2O	
Na_2O =	3,96	3,93	0,063		
$P.A.F.$ =	1,02	—	—		
	101,78	100,00			

Coefficient d'acidité α = 3,562.
Formule magmatique = 7,5 SiO_2 : R_2O_3 : 1,15 RO.
R_2O : RO = 1 : 0,40.
K_2O : Na_2O = 1 : 0,95.

En résumé, la Razvalka représente une montagne entièrement formée par la roche éruptive, dont la couverture sédimentaire, complètement enlevée, ne paraît avoir été constituée que par les roches tertiaires.

CHAPITRE X

§ 1. Description géologique de la montagne Zmieva. — § 2. Roche éruptive, minéraux constitutifs, structure, composition chimique. — § 3. Description pétrographique des contacts avec les roches sédimentaires et résumé relatif à la Zmieva.

§ 1. *Description géologique de la montagne Zmieva.*

Une dépression sépare la Razvalka du mont Zmieva qui est situé au Nord-Est de celle-ci, et dont la hauteur absolue est de 993 m. Cette montagne est également un laccolithe presque entièrement dépourvu de son enveloppe sédimentaire. Sa forme

Fig. 9. — Mont Zmieva, vu depuis la ferme Stroganoff.

Fig. 10. — Mont Byk (flanc Sud).

est allongée du Sud-Ouest au Nord-Est, et son sommet aplati s'abaisse graduellement aussi dans cette direction.

Les roches sédimentaires qui entourent le noyau éruptif de la Zmieva sont généralement cachées sous une épaisse couche de terrain superficiel, ce qui fait qu'il est ici également assez difficile de voir les affleurements. (Carte Nº 6.) Cependant on peut observer du côté Nord-Est, des marnes argileuses tertiaires, accolées au trachyte, et métamorphosées au contact de celui-ci; quand aux roches éruptives elles prennent au voisinage immédiat du contact une couleur noire très caractéristique. En s'approchant de cet endroit, on voit que les marnes argileuses, qui, à une certaine distance du massif éruptif, sont relevées vers son axe et plongent sous des angles de 20°, 40°, 60°, se redressent verticalement à son approche et se renversent enfin, en plongeant contre cet axe. (Profil Nº 8). Ce renversement paraît avoir une origine semblable à celui décrit à propos du Beschtaou.

Au Sud-Ouest de la montagne, on rencontre en contact avec les roches éruptives, les calcaires sénoniens bleus foncés marmorisés, qui se sont conservés ici à à une assez grande hauteur, et plongent sous un angle de 80°, relevés suivant l'axe de la montagne (profil Nº 9); ces calcaires sont recouverts plus bas par des marnes masquées par la couche de terrain superficiel et la végétation.

On voit donc que dans ce laccolithe également, la roche éruptive a pénétré et s'est consolidée en partie sous les calcaires crétacés, et en partie sous les marnes tertiaires.

La roche éruptive a partout, près de la surface, une structure plus ou moins schisteuse.

§ 2. *Roche éruptive, minéraux constitutifs, structure, composition chimique.*

La roche de la Zmieva est de couleur grisâtre claire, avec une première consolidation abondante; à l'œil nu on y distingue des feldspaths, d'assez grande taille, joints à de nombreuses lamelles de biotite.

PHÉNO-CRISTAUX

Ils comprennent l'apatite, le sphène, la biotite, l'augite, l'allanite et les feldspaths.

L'Apatite, en jolis prismes hexagonaux, d'assez grande taille, est distribuée dans toute la masse et présente des propriétés optiques habituelles.

Le sphène se rencontre en gros cristaux en forme de fuseaux, de couleur grisâtre, parfois maclés selon $h^1 = (100)$.

Il faut rapporter à l'*allanite* une ou deux sections d'un minéral brun, très polychroïque, à fort relief, analogues à celles qui ont été déterminées dans les roches du Beschtaou.

La Biotite se rencontre en lamelles très colorées et polychroïques, ou au con-

7

traire en sections presque incolores ou à peine brunâtres, dont la teinte est généralement plus intense sur les bords qu'au centre ; parfois elle est même tout à fait incolore. Les lamelles de forme hexagonale, sont minces et renferment des inclusions d'apatite et de magnétite, ainsi que de l'oligiste. Les deux variétés sont uniaxes négatives. Le polychroïsme dans les variétés colorées se fait comme suit : $n_g =$ brun verdâtre foncé ; $n_p =$ jaune très pâle.

Le Pyroxène est rare et se rencontre en petites sections légèrement verdâtres, souvent avec des profils géométriques, sur lesquels on distingue les faces m $= 110$, h¹ $= 100$, g¹ $= 010$, ainsi que des pointements de pyramide. Le signe optique est positif, de même que l'allongement, l'angle des axes voisin de 60°.

Les sections des *Plagioclases* sont rares, elles sont maclées selon l'albite et généralement emprisonnées dans l'orthose. Ces plagioclases paraissent appartenir aux oligoclases acides.

L'Orthose se trouve en agregats formés par la réunion de plusieurs individus, généralement corrodés.

On trouve également quelques rares petits grains de magnétite, libres dans la pâte, ou en inclusions dans la biotite.

PÂTE

La pâte très fine, essentiellement feldspathique, est formée par des microlithes très ténus d'orthose, associés à quelques petits grains ferrugineux, quelques lamelles de biotite et de petites plages de quartz. La structure fluidale est manifeste aussi bien sur les éléments de la première consolidation, que sur les microlithes.

COMPOSITION CHIMIQUE

Nous avons analysé deux fragments de la roche de la Zmieva.

Le n° XII est un fragment de la roche du voisinage du contact avec les calcaires, et le n° XIII, un fragment de la roche noire du contact avec les marnes argileuses.

Analyse du n° XII.

SiO_2	=	70,66	69,62	1,160	
Al_2O_3	=	13,99	13,78	0,022	} 0,157 R_2O_3
Fe_2O_3	=	3,58	3,53	0,135	
CaO	=	2,18	2,14	0,038	} 0,067 RO
MgO	=	1,20	1,18	0,029	
K_2O	=	6,45	6,36	0,067	} 0,122 R_2O
Na_2O	=	3,44	3,39	0,054	
P.A.F.	=	0,40	—	—	
		101,90	100,00		

0,189 ($R_2O + RO$)

Coefficient d'acidité $\alpha = 3,751$
Formule magmatique $= 7,61$ $SiO_2 : R_2O_3 : 1,05$ RO.
$$R_2O : RO = 1 : 0,36.$$
$$K_2O : Na_2O = 1 : 0,80.$$

Analyse du n° XIII.

SiO_2 =	70,10	69,98	1,166		
Al_2O_3 =	14,31	14,28	0,140	} 0,158 R_2O_3	
Fe_2O_3 =	2,88	2,88	0,018		
CaO =	2,22	2,22	0,039	} 0,067 RO	
MgO =	1,13	1,13	0,028		} 0,194 (R_2O + RO)
K_2O =	4,73	4,72	0,050	} 0,127 R_2O	
Na_2O =	4,80	4,79	0,077		
P.A.F. =	1,56	—	—		
	101,73	100,00	—		

Coefficient d'acidité $\alpha = 3,467$.
Formule magmatique $= 7,3$ $SiO_2 : R_2O_3 : 1,2$ RO.
$$R_2O : RO = 1 : 0,52.$$
$$K_2O : Na_2O = 1 : 1,54.$$

§ 3. *Description pétrographique des contacts avec les roches sédimentaires et résumé relatif à la Zmieva.*

Comme on l'a vu, la roche éruptive de la Zmieva entre en contact aussi bien avec les marnes tertiaires, qu'avec l'horizon supérieur des calcaires sénoniens.

Une coupe de ces derniers provenant d'un fragment, pris à quelques mètres du contact, montre que ce calcaire n'a subi aucun métamorphisme. Au microscope, il est formé par une masse argileuse opaque grisâtre, toute imprégnée de calcite extrèmement fine, avec de très nombreux petits grains détritiques de quartz.

La roche éruptive du contact avec les marnes argileuses tertiaires prend un aspect particulier; elle est noire ou gris noirâtre, avec des phéno-cristaux blancs et vitreux de sanidine. Sous le microscope, elle présente exactement les mêmes éléments dans la première consolidation, que la roche ordinaire; les minéraux y sont de la même taille, seulement plus décomposés. La différence essentielle avec la roche éruptive ordinaire réside dans la structure microscopique de la pâte;

celle-ci est saturée d'amas opaques, finement granuleux, de couleur noirâtre, qui sont la cause de la coloration de la roche. Ces amas sont si abondants, qu'ils forment comme un réseau opaque irrégulier, dans les mailles duquel on observe la pâte, qui présente exactement les caractères habituels.

La composition chimique de cette roche prouve évidemment que ces éléments opaques ne sont pas dus à des produits ferrugineux ; la teneur en Fe_2O_3 est en effet en quantité plus faible dans la roche noire que dans celle prise loin du contact. Dans ces conditions, on ne peut guère attribuer ces produits opaques qu'à des particules charbonneuses, introduites dans la pâte par les marnes argileuses du contact. Cette hypothèse trouve une vérification dans la perte au feu élevée de cette roche, qui est de 1 $^0/_0$ supérieure à celle de la variété blanche.

Les marnes du contact sont noires et présentent un aspect calciné. Lorsqu'on les examine au microscope en coupes minces, elles sont formées par une masse principale opaque noire ou rougeâtre. Dans cette masse on trouve un assez grand nombre de très petits grains détritiques de quartz, puis des taches très régulières de forme arrondie, de couleur jaunâtre, qui, au fort grossissement, paraissent formées par quelques petites paillettes biréfringentes associées à une matière isotrope, et çà et là à quelques grains détritiques de quartz. On y voit aussi quelques fissures, remplies par des lamelles verdâtres, groupées en associations centro-radiées, d'une chlorite, qui répond par ses caractères à la délessite, et qui est associée à un peu d'hématite et de quartz. Le polychroïsme de la délessite est : $n_g =$ vert sale, $n_p =$ jaune verdâtre pâle. La biréfringence est relativement élevée. Le signe de la bissectrice est négatif. La zone des roches éruptives noires du contact, comme aussi l'épaisseur de la couche des marnes métamorphosées, sont très faibles. En effet, à une petite distance du contact, les marnes reprennent leur caractère habituel : elles sont très argileuses, de couleur brune-grisâtre, et se délitent en plaquettes plus ou moins minces ; elles font fortement effervescence avec les acides et laissent un résidu insoluble, tandis que la marne du contact ne fait plus effervescence avec les acides.

En résumé, la Zmieva est un laccolithe en grande partie dénudé, dans lequel la roche éruptive entre en contact soit avec les calcaires marneux des couches supérieures du sénonien, soit avec les marnes argileuses tertiaires.

Les contacts de la roche éruptive avec les sédiments n'ont pu être observés, qu'en deux points seulement sur les flancs de la montagne. Les calcaires sont relevés, suivant l'axe du laccolithe, tandis que les marnes tertiaires sont renversées et plongent contre cet axe.

La roche éruptive appartient au type banal formé d'une première consolidation comprenant essentiellement la biotite et la sanidine, et d'une pâte toujours cristallisée et microlithique, à base feldspathique. Les contacts avec les marnes tertiaires ont comme résultat une modification endomorphe de la roche éruptive et une modification correspondante de la marne, toutes les deux, sur une très petite épaisseur. La roche éruptive se charge dans la pâte de produits opaques de nature charbonneuse, empruntés à la marne, et celle-ci subit un durcissement et une espèce de cuisson, qui a pour effet d'y faire disparaître le carbonate de chaux.

CHAPITRE XI

§ 1. Description géologique de la montagne de Byk. — § 2. Roche éruptive, minéraux constitutifs, structure, composition chimique. — § 3. Description pétrographique des contacts avec les roches sédimentaires et résumé relatif au Byk.

§ 1. Description géologique de la montagne Byk.

Le mont Byk, situé à plus de 4 kil. au Nord-Ouest de la Razvalka, appartient aux laccolithes chez lesquels la couverture sédimentaire s'est conservée en partie seulement.

Il est fortement allongé de l'Est à l'Ouest, et composé de plusieurs parties mal délimitées; sa forme ne rappelle en rien celle d'un laccolithe. Sa hauteur est de 817 m. Les pentes du Byk, recouvertes par la végétation, sont à son pied découpées par l'érosion qui isole çà et là, de petites éminences de formes variables.

La partie Sud-Est de la montagne est bien individualisée et formée par des calcaires crétacés et des marnes tertiaires fortement redressés, qui plongent par places verticalement, et sont même quelquefois légèrement renversés. (Profil 10.)

Les roches éruptives se montrent du côté Nord-Est de cette partie de la montagne; du côté Sud-Est elles ne sont pas visibles à la surface, néanmoins leur présence sous les roches sédimentaires se manifeste par un métamorphisme de ces dernières. Cette partie du Byk est reliée par les marnes argileuses tertiaires au massif principal, dont toute la partie Sud-Est est recouverte par des grès. Tout près du sommet, formé par d'immenses rochers trachytiques, on trouve à nouveau un lambeau de marnes argileuses schisteuses tertiaires métamorphosées et durcies. Plus bas, du côté Sud, on aperçoit en un endroit les roches éruptives en contact direct avec les marnes argileuses tertiaires. Il paraît donc que toute cette partie du Byk a dû se consolider sous les roches tertiaires, en partie sous les grès et en partie sous les marnes. Le reste du massif est formé par la roche éruptive, contre laquelle viennent s'appuyer les calcaires sénoniens (profil 11) ; on les voit au Sud-Ouest du massif, accolés aux roches éruptives qu'ils enveloppent jusqu'à une assez grande hauteur. La couche de calcaires conservée n'est pas épaisse, le plongement se fait de 50° à 60°. Les calcaires crétacés bordent également le massif du Byk du côté Nord-Est ; ici ils montent très haut, et plongent depuis 50°, 60°, jusqu'à 90° au contact avec la roche éruptive.

Ces dispositions paraissent donc indiquer que toute la partie Ouest du laccolithe a été recouverte, et s'est consolidée sous les calcaires crétacés, tandis que dans la partie Est, à l'exception de la partie la plus orientale, ces calcaires, d'abord soulevés par la roche éruptive, se sont fracturés ensuite en livrant passage à celle-ci, qui s'est alors infiltrée sous les roches tertiaires. En outre, dans plusieurs points de la partie Est, les positions relatives des calcaires crétacés et des roches tertiaires sont telles, qu'on pourrait croire que les calcaires ont auparavant surmonté ces dernières, ce qui laisse supposer que la partie du laccolithe qui se trouve sous les roches tertiaires s'est ensuite légèrement affaissée par rapport au reste de la montagne.

§ 2. *Roche éruptive, minéraux constitutifs, structure, composition chimique.*

Au point de vue macroscopique, la roche du Byk présente un type un peu spécial ; la première consolidation, visible à l'œil nu, rare mais de grande taille, est exclusivement formée par du quartz bipyramidé grisâtre, très régulier. On n'observe à l'œil nu aucune trace d'élément noir. La pâte, finement grenue, rude au toucher, d'un gris blanchâtre, est absolument homogène.

PHÉNO-CRISTAUX

Ils sont exclusivement représentés par les feldspaths et le quartz.

Contrairement à ce qui se présente dans toutes les roches examinées jusqu'ici, la *sanidine* est rare, et la grande majorité des feldspaths de la première consolidation est représentée par les plagioclases.

Les plagioclases se rencontrent en cristaux isolés ou agrégés en plages, maclées selon l'albite et quelquefois selon l'albite et Karlsbad. Leurs contours sont corrodés: on observe cependant quelques profils p, a $\frac{1}{2}$. Sur les sections perpendiculaires à la bissectrice aiguë n_p, les extinctions sur 1 Sn_p et sur 1' sont à peu près symétriques et comprises entre 0° et 3°. Les sections perpendiculaires à n_m s'éteignent également sous des angles très petits de 2° à 3°. Ces chiffres correspondent aux oligoclases.

Le quartz se rencontre plus rarement que les feldspaths, mais il est alors de grande taille. Il est très éprouvé par les corrosions magmatiques; parfois même, la pâte pénètre dans les anfractuosités du contour résultant de cette corrosion.

PÂTE

La pâte est holocristalline et microgranulitique; elle est formée par de petits grains de quartz et d'orthose à contours irréguliers, associés à un peu de plagioclases et quelques rares grains de magnétite. Çà et là on trouve également dans la pâte une ou deux petites lamelles de mica blanc, rare d'ailleurs. Les formes microlithiques de l'orthose dans la pâte de la plupart des roches des laccolithes font défaut ici, ou du moins se trouvent localement, mais ces microlithes aux formes carrées et raccourcies sont généralement de plus grande taille que les autres éléments de la pâte. Sur certains spécimens, la structure est quasi-globulaire, et l'on observe en abondance des éponges de quartz et de feldspath.

COMPOSITION CHIMIQUE

SiO_2	=	73,19	72,39	1,206	
Al_2O_3	=	14,81	14,65	0,143 ⎫ 0,154 R_2O_3	
Fe_2O_3	=	1,79	1,77	0,011 ⎭	
CaO	=	2,00	1,97	0,035 ⎫ 0,038 RO	
MgO	=	0,13	0,13	0,003 ⎭	0,166 (R_2O + RO)
K_2O	=	4,64	4,59	0,048 ⎫ 0,128 R_2O	
Na_2O	=	4,55	4,50	0,079 ⎭	
P.A.F	=	0,50	—	—	
		101,61	100,00		

Coefficient d'acidité $\alpha = 3{,}848$.
Formule magmatique $= 7{,}07\ SiO_2 : R_2O_3 : 1{,}07\ RO$.
$\qquad R_2O : RO \quad = 1 : 0{,}30$.
$\qquad K_2O : Na_2O \quad = 1 : 1{,}64$.

§ 3. *Description pétrographique des contacts avec les roches sédimentaires
et résumé relatif au Byk.*

La roche éruptive du Byk arrive, comme nous l'avons vu, en contact soit avec les calcaires crétacés, soit avec les marnes tertiaires. Au contact immédiat avec les marnes tertiaires, la roche éruptive présente macroscopiquement les mêmes caractères que ceux qu'elle a à l'intérieur du laccolithe, elle est seulement un peu colorée par les traînées ferrugineuses superficielles. Au microscope, sa structure est absolument identique à celle des variétés ordinaires et les éléments constitutifs y sont les mêmes.

La marne tertiaire prise au contact immédiat, ne présente aucun phénomène de métamorphisme appréciable; elle est formée comme d'habitude par de petits grains roulés de quartz, distribués dans une masse argileuse grisâtre, dans laquelle on distingue des traînées parallèles opaques brunâtres d'élément ferrugineux qui polarisent à la façon des agregats.

Les calcaires se chargent au contact de la roche éruptive, de grenats mal individualisés, mais très abondants, dispersés parmi les grains de calcite.

Quand aux grès, leur contact avec la roche éruptive n'a pas été observé. Sous le microscope ces grès sont entièrement formés d'arènes quartzeuses roulées, mêlées à un peu d'éléments feldspathiques et à très peu d'argile. Localement ces grains sont reliés entre eux par un véritable ciment ferrugineux opaque ou rougeâtre, formé probablement par de la limonite. On y trouve aussi rarement quelques débris de tourmaline.

En résumé, le Byk présente un laccolithe à moitié recouvert par les roches sédimentaires; la roche éruptive, qui s'y est consolidée en partie sous les roches tertiaires et en partie sous les calcaires crétacés, représente un type parfait de quartz-porphyre néovolcanique très pauvre en élément noir, et se distingue assez des autres types. Les phénomènes de contact, conformément à la règle générale, ne sont développés que sur une faible épaisseur, et le métamorphisme n'est apparent que chez les calcaires sous la forme habituelle, tandis que les marnes paraissent ici être réfractaires à ces phénomènes de contact.

CHAPITRE XII

§ 1. Description géologique de la montagne de Verbloud. — § 2. Roche éruptive, minéraux constitutifs, structure, composition chimique contacts avec les roches sédimentaires et résumé relatif au Verbloud.

§ 1. *Description géologique de la montagne de Verbloud.*

Le Verbloud s'élève à quelques kilomètres au Nord-Ouest du Byk, dont il est séparé par une large dépression; c'est un laccolithe, formé par deux élévations reliées entre elles et formant une seule montagne. L'élévation de l'Ouest est très régulièrement conique et atteint une hauteur de 886 m.; celle de l'Est est un peu moins relevée, plus large, et quelque peu aplatie au sommet. Les deux élévations se réunissent par une étroite selle. Une épaisse forêt couvre la plus grande partie de leur surface et s'étend loin à leurs pieds du côté Nord.

Les sommets et une assez grande partie des pentes des deux cônes du Verbloud sont formés par les roches éruptives contre lesquelles viennent s'appuyer les roches sédimentaires redressées qui sont représentées ici par les calcaires marneux sénoniens et les marnes brunes argileuses tertiaires. (Profil N° 12.) Les calcaires se sont bien conservés sur la partie centrale de la montagne où ils recouvrent complètement les roches éruptives qui réunissent les deux cônes; les couches calcaires, presque horizontales sur la partie supérieure de la selle, plongent en sens contraire sur ses deux versants. Elles montent depuis là presque jusqu'au sommet du cône de l'Est où l'on observe des phénomènes de contact manifestes.

La roche éruptive présente partout au voisinage de la surface, un aspect plus ou moins grossièrement schisteux, semblable à celui des marnes.

§ 2. *Roche éruptive, minéraux constitutifs, structure, composition chimique, contacts avec les roches sédimentaires et résumé relatif au Verbloud.*

La roche du Verbloud est de couleur grisâtre et caractérisée par une abondance très grande de la première consolidation, sous forme de feldspaths mesurant

8

de 1 à 5 millimètres et de lamelles plus petites de biotite ; cette première consolidation est disséminée dans une pâte grisâtre et finement grenue.

Ils sont représentés par l'augite, le sphène, la biotite, l'apatite et les feldspaths.

L'apatite est peu abondante, mais en cristaux d'assez grande taille, isolés dans la pâte ou inclus dans l'élément noir.

Le sphène, en jolis cristaux en forme de fuseaux, de couleur grisâtre, assez rares, se rencontre à l'état libre ou aussi en inclusions dans l'élément noir ; il présente les caractères ordinaires.

La biotite se trouve en grandes lamelles fortement corrodées, parfois squelettiques et surchargées d'inclusions ferrugineuses ; elle est de couleur brune, polychroïque, mais le polychroïsme est cependant un peu moindre que d'habitude. $n_g =$ brun verdâtre, $n_p =$ brun très pâle presque incolore. Certaines sections de biotite sont à peine colorées.

L'Augite verte est très abondante. Les sections de grande taille, sont fortement allongées suivant la zone du prisme et présentent les combinaisons m = 110, $g^1 =$ 010 et $h^1 =$ 100. On observe quelques macles selon h^1. L'augite très fraîche est de couleur vert d'herbe. Il existe cependant des sections complètement incolores, et aussi des sections colorées chez lesquelles le centre est moins coloré que la périphérie. Au point de vue optique, l'extinction sur g^1 se fait de 40° et il est à remarquer que lorsque le centre des cristaux est incolore, il y a une petite différence entre l'angle d'extinction de la bordure et du centre. L'allongement est positif, de même que le signe optique. La biréfringence n_g-n_p, mesurée directement a donné 0,020. Cette augite n'est pas polychroïque. Elle renferme de nombreuses inclusions de sphène et parfois de la biotite. L'augite est rarement décomposée, et donne dans ce cas naissance à de la calcite.

La sanidine forme l'élément prépondérant de la première consolidation ; elle est de grande taille et formée souvent par plusieurs cristaux agrégés en plages, qui contiennent en inclusions tous les éléments noirs cités ci-dessus. Ses propriétés optiques sont ordinaires. Elle renferme aussi quelques très rares petites sections d'un plagioclase acide.

La pâte est entièrement cristallisée et formée par des grains à contours irréguliers et dentelés d'orthose, associés à peu de quartz, quelques petits grains ferru-

Fig. 11. — Mont Verbloud (flanc Sud-Est).

Fig. 12. — Mont Kinjal, vu depuis le village Kangly.

gineux et quelques débris d'augite et de mica. Elle renferme également des éponges mal individualisées de quartz et de feldspath. La structure est intermédiaire entre certaines variétés microgranitiques et d'autres microlithiques; elle est plutôt à tendance globulaire. *Le quartz*, distribué parmi l'élément feldspathique est en petits grains idiomorphes rares.

COMPOSITION CHIMIQUE

$$
\begin{array}{llll}
SiO_2 & = & 67,70 & 67,27 \quad 1,121 \\
Fe_2O_3 & = & 3,06 & 3,03 \quad 0,019 \\
Al_2O_3 & = & 15,74 & 15,63 \quad 0,153 \\
CaO & = & 3,10 & 3,07 \quad 0,054 \\
MgO & = & 0,95 & 0,93 \quad 0,023 \\
K_2O & = & 7,24 & 7,27 \quad 0,077 \\
Na_2O & = & 2,83 & 2,80 \quad 0,045 \\
PAF & = & 0,34 & — \qquad — \\
\hline
& & 100,96 & 100,00
\end{array}
$$

$0,172\,R_2O_3$

$0,077\,RO$

$0,122\,R_2O$

$0,199\,(R_2O + RO)$

Coefficient d'acidité $\alpha = 3,111$.

Formule magmatique $= 6,5\ SiO_2 : R_2O_3 : 1,15\ RO$.

$R_2O : RO = 1 : 0,63$

$K_2O : Na_2O = 1 : 0,58$.

CONTACTS

Les calcaires du Verbloud sont très métamorphosés au contact avec la roche éruptive et transformés en un agrégat de petits grenats incolores et bien individualisés, entre lesquels il reste encore un peu de calcite.

En résumé, le Verbloud présente un laccolithe composé de deux dômes formés par la roche éruptive, contre lesquels viennent s'appuyer les calcaires sénoniens, et les marnes tertiaires; ces dômes sont reliés entre eux par une selle, recouverte également par des roches sédimentaires.

La roche éruptive se distingue par l'abondance de l'augite dans la première consolidation.

CHAPITRE XIII

§ 1. *Description géologique du mont Kinjal.*

Cette petite montagne de forme conique, avec son sommet pointu qui lui a valu son nom de poignard, est une des plus curieuses de la région de Piatigorsk. Située au Nord de toutes les autres, elle en est passablement éloignée, et s'élève à une hauteur de 200 m. au-dessus d'une contrée tout à fait plate. Sa hauteur absolue est de 507 m. Un seul petit monticule, nommé Milnaïa-gora, connu par ses sources minérales, se rencontre au Nord-Est, à un kilomètre environ du Kinjal.

La crête qui termine le Kinjal, est formée par la roche éruptive; elle est allongée du Sud-Est au Nord-Ouest, et revêtue jusqu'à la moitié de sa hauteur par les roches sédimentaires.

Les relations entre les roches éruptives et sédimentaires, représentées au Kinjal par les calcaires sénoniens et les marnes tertiaires, sont assez compliquées. En effet, si l'on fait l'ascension du Kinjal du côté Ouest (carte N° 7 et profil N° 13), on rencontre d'abord les marnes tertiaires, qui sont relevées suivant l'axe de la montagne et dont le plongement atteint 45°. Ces marnes s'appuient elles-mêmes sur les calcaires sénoniens, que l'on voit en un point traversés par un petit filon de la roche éruptive. Au contact même avec cette dernière, les calcaires sont très durs et de couleur verdâtre. Ces calcaires bordent la crête de trachyte sur toute la longueur du flanc occidental.

Si l'on fait maintenant l'ascension du Kinjal du côté opposé, c'est-à-dire par le flanc Est, on rencontre d'abord des marnes gréseuses jaunes qui forment des bancs assez épais, puis des roches argilo-calcaires, de couleur bleuâtre; ces der-

nières sont surmontées par une mince couche de calcaires marneux-sénoniens marmorisés, de couleur bleu foncée, presque noire. Toutes ces roches plongent contre
l'axe de la montagne, sous des angles de 25° à 30°. La série est donc renversée,
et bien qu'une épaisse couche de terre végétale contenant des débris de la roche
éruptive masque le sol près du contact, il est cependant évident, par le plongement
même des roches sédimentaires, que la roche éruptive recouvre cette série renversée, comme le montre d'ailleurs le profil.

Les calcaires renversés du flanc oriental du Kinjal, ainsi que ceux qui s'appuient contre le trachyte au flanc occidental, se rapprochent les uns des autres
près de l'extrémité Nord-Ouest de la montagne; ici ils ne sont séparés que par une
mince bande de trachyte, qui elle-même, disparaît plus bas sous une couche de
terrain meuble. Il est certain qu'en cet endroit le contact de la roche éruptive
se faisait avec les marnes tertiaires, car on trouve fréquemment des débris plus ou
moins considérables de ces marnes enclavés dans celle-ci.

De bons contacts de cette roche éruptive avec les marnes tertiaires s'observent à l'extrémité Sud-Est du Kinjal. Ici les calcaires qui bordent les deux
lèvres de la boutonnière s'écartent considérablement, et le trachyte entre alors en
contact immédiat avec les marnes brunes argileuses du tertiaire. Celles-ci sont
littéralement collées sur la roche éruptive dont elles épousent complètement la forme,
et qui s'est même déversée légèrement par-dessus. (Profil N° 14.) Elles disparaissent plus bas sous un terrain meuble formé par leurs débris, réunis à des fragments
de la roche éruptive entièrement décomposée.

La roche éruptive, qui forme la crête du Kinjal se délite en plaquettes. Elle
contient fréquemment des enclaves de roches variées, dont nous donnerons plus
loin la description.

Les faits observés s'expliquent, comme nous le croyons, de la manière suivante:

Les couches supérieures des calcaires sénoniens, soulevées par le magma éruptif, se sont fracturées, puis la lèvre orientale de cette fracture a cédé sous la poussée
de la roche éruptive et s'est renversée sous cette dernière, qui, tout en la recouvrant, s'est trouvée en contact avec les roches tertiaires sous lesquelles elle s'est
consolidée, en les métamorphosant.

Ce qui vient d'être dit, ressort : 1° Du renversement des roches sédimentaires
sur le flanc Est du Kinjal et de leur recouvrement manifeste par la roche éruptive
dans cette partie de la montagne; 2° De l'absence de calcaires crétacés aux extrémités Nord-Ouest et Sud-Est de la crête de trachyte, où le contact se fait directement avec les marnes tertiaires: 3° De la présence de fragments de marnes tertiaires parmi les enclaves de la roche éruptive.

§ 2. *Roche éruptive, minéraux constitutifs, structure, composition chimique.*

La roche éruptive du Kinjal est de couleur grise. On y remarque des phéno-cristaux de feldspaths accompagnés d'une petite quantité d'élément noir. L'altération lui communique une couleur rougeâtre.

Au microscope cette roche est toujours à deux temps de consolidation bien tranchés.

PHÉNO-CRISTAUX

Ils sont représentés par les minéraux suivants : l'apatite, le sphène, la biotite, l'augite, les plagioclases et l'orthose.

L'apatite est très répandue et se rencontre en inclusions dans l'élément noir, comme aussi à l'état libre dans la pâte. Les cristaux sont très allongés suivant l'axe vertical et ne présentent pas de combinaisons pyramidales; l'allongement comme le signe sont négatifs. Certaines apatites sont de grande taille et mesurent jusqu'à 0,5^{mm} de longueur pour 0,1^{mm} de section.

Le sphène est également constant, et se rencontre en inclusions dans tous les minéraux, y compris l'augite. Les cristaux, de couleur grisâtre, mesurent jusqu'à 0,25^{mm}. Ils sont fréquemment maclés selon p^1 = (100). Le sphène est biaxe positif, l'angle des axes est très petit.

La biotite forme l'élément ferromagnésien toujours constant de la première consolidation; elle est cependant beaucoup moins abondante que les feldspaths. La biotite se présente en jolies lamelles, généralement corrodées, mais qui restent souvent encore hexagonales. Elle s'éteint à 0° du clivage p, et est uniaxe négative, quelquefois cependant la croix noire se disloque très légèrement par rotation de la platine du microscope. La biréfringence très élevée dépasse 0,04. Le polychroïsme se fait comme suit; n_g = brun rouge foncé, n_p = brun jaunâtre très pâle.

L'augite ne se rencontre pas dans toutes les préparations; elle fait défaut notamment dans les variétés noires voisines du contact avec les marnes tertiaires. Les cristaux sont généralement corrodés et très altérés. On y reconnaît les formes : m = (110), g^1 = 010 h^1 = (100). La macle h^1 se trouve quelquefois; les clivages ne sont pas bien marqués. L'augite s'éteint à 40° sur g^1. Le signe optique est positif.

En lumière naturelle cette augite est de couleur verte très pâle, voir même presque incolore. Il est très difficile de savoir si l'augite est antérieure au mica ou vice-versa. On observe en effet certaines sections où l'augite est moulée par le mica et d'autres ou c'est l'inverse. Souvent les sections de l'augite prennent un aspect squelettique ; le minéral est d'ailleurs presque toujours partiellement décomposé et transformé en calcite et en chlorite, rattachable à la délessite par ses propriétés. Sur certains endroits, l'augite a complètement disparu ; elle est alors remplacée par de petits amas de calcite ou de chlorite. L'augite renferme en abondance des inclusions de sphène.

Les *plagioclases* jouent un rôle très subordonné à celui des feldspaths potassiques ; ils se rencontrent en cristaux isolés, mais le plus généralement inclus à l'intérieur de l'orthose. Ils présentent la macle de l'albite dont les lamelles sont fines et serrées. Les autres macles n'ont pas été rencontrées. Vu la rareté des sections, la détermination précise de ces feldspaths n'est guère possible ; mais d'après leurs angles d'extinction il faut les rapporter également au groupe des oligoclases.

L'*orthose* est de beaucoup l'élément le plus important de la première consolidation. C'est aussi celui dont la taille est la plus grande. Les cristaux mesurent en effet de 3 à 5^{mm}. Ils sont fortement corrodés ; cependant, sur certaines sections on peut reconnaître les profils m $= (110)$, p $= (001)$ et a $\frac{1}{2} = (201)$ ou a$^i = (\bar{1}01)$.

Les cristaux sont aplatis selon g$^i = (010)$. L'allongement prédominant paraît se faire selon l'arête *pg*. On observe fréquemment la macle de Karlsbad et plus rarement celle de Manebach. Les propriétés optiques de cette sanidine sont celles déjà indiquées. Les divers minéraux de la première consolidation se rencontrent en inclusions dans la sanidine.

PATE

La pâte est holocristalline et formée par une association quasi-grenue de quartz et de feldspath. Ce dernier est représenté exclusivement par de l'orthose en cristaux trapus aux formes carrées. Ils sont fréquemment maclés selon Karlsbad, négatifs en long, et s'éteignent sensiblement à 0°. Leur biréfringence est faible ; au contact avec le quartz on a observé plusieurs fois que $\triangle_1$ et $\triangle_2 > 0°$. Ces microlithes épais forment par leur entrecroisement une espèce de tissu, dans les mailles duquel le quartz est cristallisé en petites plages nettement allotriomorphes. Ce n'est donc ni la structure microgranitique, ni celle microlithique dans le sens absolu du mot, mais quelque chose d'intermédiaire. On trouve également parmi les éléments de la pâte quelques petites lamelles de mica parfois hexagonales, qui sont presque toujours altérées, puis çà et là des grains d'hématite, et enfin un peu de calcite.

La pâte prédomine généralement sur les phéno-cristaux, et parmi ces derniers, l'élément blanc excède de beaucoup l'élément noir au point de vue quantitatif. Il n'est pas rare de voir les phéno-cristaux feldspathiques agrégés en plages, formées par la réunion de deux ou trois individus. Ce fait ne se produit pas pour l'élément noir.

$$
\begin{array}{llll}
\mathrm{SiO_2} & = & 68,25 & 68,79 & 1,146 \\
\mathrm{Al_2O_3} & = & 14,92 & 15,04 & 0,147 \\
\mathrm{Fe_2O_3} & = & 2,91 & 2,93 & 0,018 \\
\mathrm{CaO} & = & 2,74 & 2,76 & 0,049 \\
\mathrm{MgO} & = & 0,53 & 0,53 & 0,013 \\
\mathrm{K_2O} & = & 6,45 & 6,50 & 0,069 \\
\mathrm{Na_2O} & = & 3,41 & 3,45 & 0,055 \\
\mathrm{P.A.F} & = & 1,50 & -- & -- \\
\end{array}
$$

$0,147$, $0,018$ } $0,165\ \mathrm{R_2O_3}$

$0,049$, $0,013$ } $0,062\ \mathrm{RO}$

$0,069$, $0,055$ } $0,124\ \mathrm{R_2O}$

} $0,186\ (\mathrm{R_2O + RO})$

$$100,71 \qquad 100,00$$

Coefficient d'acidité $\alpha = 3,332$.

Formule magmatique $= 6,9\ \mathrm{SiO_2} : \mathrm{R_2O_3} : 1,12\ \mathrm{RO}$.

$\mathrm{R_2O} : \mathrm{RO} = 1 : 0,5$.

$\mathrm{K_2O} : \mathrm{Na_2O} = 1 : 0,8$.

§ 3. Enclaves dans la roche éruptive.

Comme nous l'avons dit, on rencontre dans la roche éruptive en divers endroits, des enclaves fragmentaires. Nous avons examiné en coupes minces un certain nombre de ces enclaves, et constaté qu'en général les phénomènes de métamorphisme et d'endomorphisme au contact des deux roches sont extrêmement limités.

La roche éruptive, présente dans le voisinage des enclaves de marnes, des caractères analogues à ceux précédemment décrits. Mais la pâte paraît un peu plus fine que d'habitude, elle est cependant toujours holocristalline et de structure franchement microgranitique.

La marne présente sous le microscope une structure nettement feuilletée. Elle est formée par une substance argileuse, dans laquelle se développent des petits éléments feldspathiques très peu biréfringents, et des petits grains de quartz dispersés çà et là. Toute la roche est saupoudrée d'éléments ferrugineux opaques de très petites dimensions.

Le contact des deux roches est absolument franc, et elles ne paraissent nullement s'être mutuellement influencées.

La roche éruptive, dans le voisinage des enclaves de grès, garde également ses caractères habituels; il convient cependant de remarquer qu'elle semble être plus microlithique.

Le grès est excessivement quartzeux et formé exclusivement par des plages et des petits grains de quartz, réunis à de rares lamelles de mica noir, et ci et là, à quelques grains de plagioclases acides. Entre les plages de quartz qui sont en général de forme allongée, alignées suivant leur grand axe et soulignant la schistuosité de la roche, on trouve des traînées micacées, d'un mica brunâtre, filamenteux, polychroïque et biréfringent. Ce même élément en petites lamelles et en petits amas, se trouve disposé d'une façon toute irrégulière. Ce grès quartzeux ressemble beaucoup à certaines variétés de schistes cristallins détritiques; il est en tout cas bien différent comme structure microscopique des grès tertiaires qui se rencontrent près du Kinjal, et semble plutôt appartenir à des fragments d'une roche ancienne, amenée de la profondeur par les roches éruptives elles-mêmes. En tout cas, là encore il n'y a pas de métamorphisme appréciable; le contact des deux roches est parfaitement franc, et il n'y a nullement développement de minéraux nouveaux, ni dans l'une ni dans l'autre.

§ 4. *Description pétrographique des contacts avec les roches sédimentaires et résumé relatif au Kinjal.*

Au contact immédiat avec la roche éruptive, les calcaires deviennent durs, de couleur verdâtre pâle, et paraissent fortement silicifiés, mais cette modification ne se produit que sur une épaisseur toujours très peu considérable.

Lorsqu'on les examine au microscope, on les trouve formés de plages de calcite, littéralement criblées d'une infinité de petits dodécaèdres de grenats transparents et incolores; ces derniers mesurent au plus 0,03^{mm}; ils sont si abondants qu'ils semblent quelquefois l'emporter sur la calcite même. Il est à remarquer que la proportion du grenat diminue rapidement en s'éloignant du contact, et qu'en dehors du grenat, il n'a pas été rencontré d'autres silicates. La roche éruptive ne présente point de modifications au contact avec les calcaires.

Les marnes argileuses schisteuses sont modifiées par la roche éruptive sur une épaisseur également assez faible; elles paraissent durcies, cornifiées, deviennent plus foncées, et rappellent beaucoup certaines variétés de schistes argileux, modifiés par une coulée. La roche éruptive en contact avec ces marnes présente sur une faible épaisseur des variétés de couleur noire, identiques à celles déjà décrites aux monts Zmieva et Beschtaou.

Un contact de la roche éruptive avec les marnes grises-bleuâtres, qui appar-

9

tiennent à un horizon inférieur à celui des marnes argileuses, montre sous le microscope les caractères suivants : la roche éruptive a son aspect ordinaire, elle paraît seulement être chargée de grains et de débris de calcite. La marne, à une très faible distance du contact, ne paraît présenter aucune modification appréciable dans sa structure et ses éléments. Elle est formée par une masse argileuse compacte, jaunâtre, isotrope, qui renferme des grains d'oxyde de fer. Çà et là, dans la masse argileuse, on trouve un grain de quartz.

En résumé, le Kinjal présente un laccolithe dans lequel le magma éruptif a tout d'abord soulevé toute la série des roches sédimentaires à partir des couches supérieures des calcaires sénoniens, puis a rompu et renversé ces calcaires en se trouvant ainsi en contact direct avec les marnes tertiaires sous lesquelles il s'est alors consolidé, après les avoir faiblement métamorphosées. La direction de la crête de la montagne paraît coïncider avec l'orientation de la fracture suivant laquelle la roche éruptive est montée.

La roche éruptive entre donc ici en contact avec le crétacé comme avec le tertiaire ; elle exerce dans ces formations un métamorphisme indiscutable, mais très localisé, et très peu important. Les phénomènes d'endomorphisme paraissent peu intenses, voir même à peu près nuls. Les formations d'origine exomorphe se rencontrent seulement dans les calcaires et sous une épaisseur relativement très restreinte. En dehors du grenat développé dans les calcaires, il n'y a pas formation de silicates nouveaux.

§ 5. *Autres collines des environs de Piatigorsk.*

Les roches grèseuses qui entourent le Kinjal, se relèvent petit à petit du côté Nord-Est et forment à environ un kilomètre de distance, la petite élévation de la Milnaïa-Gora, connue par ses sources minérales.

Cette élévation présente un large plateau, aux bords relevés, découpés en plusieurs endroits par de profonds ravins. Le plateau est formé par les roches marno-grèseuses et les marnes argileuses tertiaires ; ces roches sont en général sur les bords du plateau, faiblement relevées suivant son axe, et plongent sous des angles de 20°, 25°. Des complications dans la position et le plongement de ces roches, s'observent à l'extrémité Nord du plateau, près de la sortie de la source minérale la plus considérable. Les marnes et les roches grèseuses, modifiées ici par l'action de l'eau minéralisée, sont fortement redressées et en différents points sont presque verticales. A Milnaïa, on ne rencontre point d'affleurements de roches éruptives, mais cette élévation est sans doute due à un soulèvement, produit par la roche éruptive, dont toute la couverture sédimentaire s'est encore conservée.

On peut en outre signaler dans la steppe qui environne Piatigorsk, quelques autres éminences, dont la plus considérable est le mont Svistoun, qui se trouve à 10 km. au Nord-Ouest d'Essentouky ; mais on ne peut rien dire de positif sur son origine, ce petit monticule étant entièrement recouvert d'une couche d'alluvions, formée par des galets de calcaires et recouverte par la terre végétale. Non loin de cette élévation se rencontrent plusieurs sources minérales.

CHAPITRE XIV

§ 1. Considérations générales sur les roches éruptives et leur place dans la classification. — § 2. Comparaison des roches éruptives de Piatigorsk avec celles des laccolithes du plateau du Colorado de l'Amérique du Nord. — § 3. Phénomènes de contact et d'endomorphisme, enclaves, structure.

§ 1. *Considérations générales sur les roches éruptives et leur place dans la classification.*

Jetons maintenant un coup d'œil d'ensemble sur les résultats qui se dégagent du travail qui précède au point de vue strictement pétrographique.

La très grande majorité des roches des laccolithes, sont des roches toujours holocristallines à deux temps de consolidation bien marqués. Les phéno-cristaux représentés par l'apatite, le sphène, la biotite, l'augite, les plagioclases et la sanidine, varient en grandeur et en quantité. Toutefois la sanidine est presque toujours l'élément prépondérant ; elle forme même parfois à elle seule, la presque totalité de la première consolidation (Gelieznaïa, Razvalka, Ostraïa).

Aux minéraux indiqués ci-dessus viennent s'ajouter, dans quelques roches, du quartz bipyramidé de grande taille, mais en cristaux rares (Byk, Beschtaou, Cheloudivaïa, Gelieznaïa), puis au Beschtaou, des prismes de hornblende verte, ainsi que des petits cristaux d'allanite.

Dans certaines roches, l'élément blanc fait totalement défaut et la première consolidation est représentée seulement par la biotite, jointe à l'apatite et à l'augite (Joutza et roche de la steppe). Chez d'autres, toute la première consolidation est très réduite. (Cheloudivaïa, Djoutzkaïa). Enfin la roche du Byk se distingue de toutes par la nature de ses phéno-cristaux, qui sont alors formés presque entièrement par des plagioclases et par du quartz.

Les caractères optiques des minéraux de la première consolidation sont aussi d'une parfaite uniformité. Partout la sanidine est presque uniaxe, partout les plagioclases réalisent le même type d'oglioclase acide, caractérisé par son angle des axes particulièrement petit.

Le mica noir lui-même obéit à la même règle générale, et la biotite, fortement polychroïque, ou d'autrefois à coloration plus pâle répartie inégalement dans les différentes régions d'une même section, se retrouve toujours avec les mêmes caractères optiques; il en est de même pour l'augite.

La pâte est aussi d'une très grande uniformité, et toujours formée, essentiellement par de l'orthose joint à du quartz; cependant les proportions relatives de ces deux minéraux subissent des variations notables dans ces différentes roches.

Au point de vue de la structure, les deux limites extrêmes sont représentées par le type microgranulitique et le type microlithique. Le premier est le plus parfaitement réalisé dans la roche du Beschtaou, dans laquelle le quartz et le feldspath de la pâte sont absolument iodomorphes. Le second se rencontre dans la grande majorité des autres roches, toutefois ce n'est pas la forme trachytoïde, mais bien plutôt celle orthophyrique qui est rencontrée (Roche de la steppe, Joutza, Zolotoï-Kourgan, Djoutzkaïa, Ostraïa, Kaban, Zmieva). La pâte est alors formée par des petits microlithes rectangulaires d'orthose, réunis à des petites plages ou grains de quartz; les microlithes ne sont jamais très allongés.

Le terme intermédiaire entre les deux structures indiquées est réalisé au Verbloud, Byk, Cheloudivaïa et Kinjal. La pâte est alors formée par de petits grains à contours irréguliers de quartz, et des microlithes très raccourcis, passant aux grains iodomorphes d'orthose. Dans certains cas, le quartz et l'orthose forment même par places des associations spongieuses, semblables aux globules de certains porphyres globulaires. Enfin dans la plupart des roches des laccolithes, on observe une certaine disposition fluidale des éléments de la première comme de la seconde consolidation.

En ce qui concerne les rapports qui lient la structure de la roche cristalline avec la dimension du laccolithe, il semble que la cristallisation est d'autant plus parfaite que le volume de la masse éruptive intruse est plus considérable; c'est en effet le Beschtaou, dont le volume est le plus grand, qui présente aussi la variété la plus largement cristallisée de toutes les roches laccolithiques.

Pour comparer maintenant la composition chimique de ces différentes roches, nous avons groupé leurs analyses et formules magmatiques dans le tableau qui suit. Un premier coup d'œil jeté sur ce tableau, montre la très grande unité chimique de toutes ces roches. L'écart maximum dans l'acidité comporte 10 $^0/_0$ et est donné par la roche de la Joutza et celle du Byk. Mais il convient de remarquer que presque la même différence se retrouve sur deux échantillons de roches provenant d'un même massif, comme par exemple le V et le VI du Beschtaou.

La proportion de l'alumine et de fer est assez constante, par contre, celle de la magnésie varie dans des limites assez étendues. En général cette quantité est très faible, ce qui traduit la pauvreté de l'élément noir dans la première consolidation. Seules, la roche de la steppe ainsi que celle de la Joutza font exception à cette règle, mais c'est précisément dans ces deux roches que la biotite est extrêmement abondante.

Le rôle joué par la chaux est particulièrement suggestif. Etant donné la rareté des plagioclases, la teneur en chaux doit provenir selon toute vraisemblance de la présence de l'augite.

Quant aux alcalis, la prédominance constante de la potasse sur la soude est un caractère général. Toutefois le rapport $K_2O : Na_2O$, d'habitude plus grand que l'unité, est inversé, dans quelques-unes des roches ; ce qui provient généralement de la présence d'une plus grande quantité de plagioclases dans celles-ci.

	Roche de la Steppe I	Joutza II	Zolot. Kourgan III	Djoutzkaïa IV
SiO_2	64,02	62,86	69,57	71,38
Al_2O_3	14,74	12,28	15,10	14,45
Fe_2O_3	3,02	3,65	2,48	2,70
CaO	3,52	3,83	2,00	1,88
MgO	4,41	3,87	1,45	0,92
K_2O	7,37	9,16	8,63	6,45
Na_2O	2,63	1,28	1,64	3,44
P. A. F.	1,32	3,37	0,90	0,56
Total	101,03	100,20	101,72	101,83
Coef. d'acidité α	2,708	2,934	3,393	3,601
Form. magmatique	6,5 SiO_2 : R_2O_3 : 1,8 RO R_2O : RO = 1 : 1,4 K_2O : Na_2O = 1 : 0,5	7,4 SiO_2 : R_2O_3 : 1,9 RO R_2O : RO = 1 : 1,4 K_2O : Na_2O = 1 : 0,2	7,1 SiO_2 : R_2O_3 : 1,1 RO R_2O : RO = 1 : 0,6 K_2O : Na_2O = 1 : 0,2	7,5 SiO_2 : R_2O_3 : 1,1 RO R_2O : RO = 1 : 0,4 K_2O : Na_2O = 1 : 0,8

	Beschtaou V	Beschtaou VI	Beschtaou VII	Kahan VIII
SiO_2	64,62	73,17	71,20	69,33
Al_2O_3	18,22	14,33	14,89	14,75
Fe_2O_3	2,68	2,24	2,13	3,04
CaO	1,56	2,14	2,40	2,54
MgO	0,57	0,44	0,41	1,12
K_2O	8,34	4,45	5,74	6,59
Na_2O	4,07	3,78	3,99	3,03
P. A. F.	0,76	0,26	0,88	2,00
Total	100,82	100,81	101,14	102,40
Coef. d'acidité α	2,737	3,816	3,698	3,365
Form. magmatique	5,5 SiO_2 : R_2O_3 : 1 RO R_2O : RO = 1 : 0,2 K_2O : Na_2O = 1 : 0,7	7,9 SiO_2 : R_2O_3 : RO R_2O : RO = 1 : 0,4 K_2O : Na_2O = 1 : 1,3	7,6 SiO_2 : R_2O_3 : 1,1 RO R_2O : RO = 1 : 0,4 K_2O : Na_2O = 1 : 1,04	7 SiO_2 : R_2O_3 : 1,1 RO R_2O : RO = 1 : 0,6 K_2O : Na_2O = 1 : 0,69

	MEDOVKA IX	GELIEZNAÏA X	RAZVALKA XI	ZMIEVA XII
SiO₂	67,50	71,39	70,66	70,66
Al₂O₃	14,77	15,06	14,33	13,99
Fe₂O₃	2,46	2,70	2,90	3,58
CaO	3,15	1,66	1,94	2,18
MgO	1,32	0,54	0,70	1,20
K₂O	6,60	6,70	6,27	6,45
Na₂O	3,13	3,02	3,96	3,44
P. A. F.	2,11	1,11	1,02	0,40
Total	101,04	102,18	101,78	101,90
Coef. d'acidité α	3,242	3,604	3,562	3,751
Form. magmatique	7 SiO₂ : R₂O₃ : 1,3 RO / R₂O : RO = 1 : 0,72 / K₂O : Na₂O = 1 : 0,7	7,2 SiO₂ : R₂O₃ : 0,99 RO / R₂O : RO = 1 : 0,3 / K₂O : Na₂O = 1 : 0,6	7,5 SiO₂ : R₂O₃ : 1,1 RO / R₂O : RO = 1 : 0,4 / K₂O : Na₂O = 1 : 0,9	7,6 SiO₂ : R₂O₃ : RO / R₂O : RO = 1 : 0,3 / K₂O : Na₂O = 1 : 0,8

	ZMIEVA XIII	BYK XIV	VERBLIOUD XV	KINJAL XVI
SiO₂	70,10	73,19	67,70	68,25
Al₂O₃	14,81	14,81	15,74	14,92
Fe₂O₃	2,68	1,79	3,06	2,91
CaO	2,22	2,00	3,10	2,74
MgO	1,13	0,18	0,95	0,53
K₂O	4,73	4,64	7,24	6,45
Na₂O	4,80	4,55	2,83	3,41
P. A. F.	1,56	0,50	0,84	1,50
Total	101,73	101,61	100,96	100,71
Coef. d'acidité α	3,467	3,848	3,111	3,832
Form. magmatique	7,3 SiO₂ : R₂O₃ : 1,2 RO / R₂O : RO = 1 : 0,52 / K₂O : Na₂O = 1 : 1,54	7 SiO₂ : R₂O₃ : RO / R₂O : RO = 1 : 0,2 / K₂O : Na₂O = 1 : 1,6	6,5 SiO₂ : R₂O₃ : 1,1 RO / R₂O : RO = 1 : 0,6 / K₂O : Na₂O = 1 : 0,5	6,9 SiO₂ : R₂O₃ : 1,1 RO / R₂O : RO = 1 : 0,5 / K₂O : Na₂O = 1 : 0,8

Il s'agit maintenant d'assigner une place aux roches laccolithiques dans la classification des roches éruptives, et là on va se trouver en présence des difficultés qu'on rencontre toujours avec tous les systèmes de classification. Si l'on ne s'adresse qu'à la structure, il est incontestable qu'un certain nombre de ces roches sont des microgranulites néovolcaniques ou des liparites microgranulitiques; tel est le cas par exemple pour la roche du Beschtaou. Par contre, la plupart des roches des laccolithes n'ont pas de structure microgranitique franche, et leurs feldspaths présentent l'habitus microlithique; d'après la pâte, ces roches seraient donc une variété de trachyte, caractérisée toutefois par la présence du quartz dans la pâte et par la dimension plutôt raccourcie des microlithes.

Les formes de passage entre ces deux structures ne sont d'ailleurs point rares, et il paraît manifeste que tel ou tel type ne doit son existence qu'aux variations dans les conditions de la cristallisation. Les phéno-cristaux ne peuvent point davantage servir de base à la classification. Nous avons vu, en effet, combien leurs quantités relatives sont variables, et cependant ces variations, sauf certains cas spéciaux, ne se répercutent pas d'une manière appréciable sur la composition.

Quant à la composition chimique elle-même, le seul facteur qui soit vraiment variable d'une façon sensible, est la silice, or la proportion de celle-ci oscillant dans un seul et même laccolithe entre des limites aussi étendues qu'entre les divers laccolithes, il est évident que cette composition ne saurait servir de base à la classification. D'autre part, il est indiscutable que toutes ces roches émanent d'un même magma et cela ressort à l'évidence de la composition et des formules magmatiques qui sont d'un même type, malgré les petites différences dont il a été question précédemment. Dans ces conditions, c'est donc sur la composition moyenne de ce magma qu'il faudra s'appuyer pour classer la roche, puisqu'il est démontré qu'elle est d'un type uniforme. La moyenne de toutes les analyses figurées au tableau qui précède, et la formule qui s'en déduit, sont en effet :

$$
\begin{aligned}
SiO_2 &= 69,10 \\
Al_2O_3 &= 14,76 \\
Fe_2O_3 &= 2,76 \\
CaO &= 2,43 \\
MgO &= 1,23 \\
K_2O &= 6,61 \\
Na_2O &= 3,31 \\
P.A.F &= 1,16 \\
Total. &= 101,36
\end{aligned}
$$

Coefficient d'acidité $\alpha = 3,354$
Formule magmatique $= 7,1\ SiO_2 : R_2O_3 : 1,2\ RO$
$R_2O : RO = 1 . 0,56$
$K_2O : Na_2O = 1 : 0,8.$

En comparant ces résultats avec les formules données par M. Loewinson-Lessing pour divers types chimiques de roches voisines, notamment les trachytes et les liparites[1], on peut se convaincre qu'il n'y a pas d'identité complète avec aucun de ces termes.

Les formules données pour ces derniers sont en effet :

Liparites	Trachytes
Coefficient d'acidité $\alpha = 4,76$	Coefficient d'acidité $\alpha = 2,42$
Form. magm. $9,0\ SiO_2 : R_2O_3 : 0,97\ RO$	Form. magm. $5,2\ SiO_2 : R_2O_3 : 1,28\ RO$
$R_2O : RO = 1 : 0,2$	$R_2O : RO = 1 : 0,86$
$K_2O : Na_2O = 1 : 0,9.$	$K_2O : Na_2O = 1 : 1,25.$

Par contre la moyenne de nos différentes analyses concorde à peu près exactement avec une moyenne entre les magmas liparitique et trachytique. Dans ces conditions, le nom de trachy-liparites appliqué en général aux roches des lacco-

[1] F. Loewinson-Lessing. *Études de Pétrographie générale avec un mémoire sur les roches éruptives d'une partie du Caucase central.* 1898,

lithes de Piatigorsk, nous semble être le plus rationnel, car il exprime non seulement les particularités de la composition chimique, mais tient compte aussi dans une certaine mesure de la structure prédominante de la pâte.

§ 2. Comparaison des roches éruptives de Piatigorsk avec celles des laccolithes du Plateau du Colorado de l'Amérique du Nord.

Les roches de Piatigorsk, présentent des analogies incontestables avec celles des groupes des montagnes laccolithiques du plateau du Colorado de l'Amérique du Nord [1].

Ces dernières, qui d'après M. W. Cross, forment des séries parentes, tout en présentant de légères variations dans leurs compositions minéralogique et chimique, sont des roches holocristallines poryphyriques, dont les éléments principaux de la première consolidation sont formés par des plagioclases acides et des éléments noirs, représentés le plus souvent par la hornblende et la biotite, ainsi que plus rarement par l'hyperstène et l'augite, auxquels viennent s'associer dans quelques-unes des roches des phéno-cristaux de quartz et d'orthose. Ces minéraux se trouvent dans une pâte grenue, toujours formée par du quartz et de l'orthose. La pâte passe dans les différentes roches laccolithiques, d'une structure finement à une structure beaucoup plus grossièrement grenue.

Les types des roches laccolithiques du Colorado qui se rapprochent le plus de ceux de Piatigorsk au point de vue chimique et minéralogique, proviennent du Mosquito range et de Ten-Mile district.

Les premières, rapportées par M. W. Cross aux quartz-porphyres et diorites porphyrites, sont représentées par une roche porphyrique, caractérisée par des phéno-cristaux de plagioclases, joints à de la hornblende, de la biotite, des phéno-cristaux de quartz arrondis et plus ou moins résorbés, ainsi qu'à de grands orthoses. Les phénocristaux se trouvent dans une pâte grenue, composée par le quartz et l'orthose.

Les roches de Ten-Mile district, Lincoln-porphyrites, sont formées par des phéno-cristaux de plagioclases de biotite et de quartz ainsi que par de grands orthoses, qui manquent pourtant complètement dans quelques-uns des types, sans entraîner un changement dans la composition chimique. La pâte micro-granulitique est formée par du quartz et de l'orthose. Ces types passent insensiblement à des hornblende-mica-porphyrites, avec du quartz en très petite quantité.

Au point de vue chimique, la différence principale entre les roches de l'Amérique et celles de Piatigorsk consiste en ce que la grande majorité des premières est

[1] W. Cross. The Laccolitic Mountain Groups of Colorado, Utah and Arizona. 14 th. Ann. Rep. U. S. Geol Survey, 1892-93, p. 157-241, pl. VII-XVI.

moins riche en silice, et que le rapport de K_2O à Na_2O est le plus souvent inversé de celui que nous avons trouvé dans nos roches, ce qui provient de la présence de nombreux phénocristaux de plagioclases dans les roches américaines.

Cependant les compositions chimiques des quartz-porphyrites de Ten-Mile district et de quartz-porphyres de Mosquito range d'un côté, et celles de quelques-uns des échantillons de la roche du Beschtaou et surtout de celle du Byk de l'autre, ont des analogies manifestes.

Nous reproduisons ici quelques-unes des analyses de nos roches et de celles données par M. Cross à titre de comparaison.

	Ten-Mile district.	Mosquito range.	Byk.	Beschtaou.
SiO_2 =	68,30	73,50	73,19	73,17
Al_2O_3 =	16,24	14,87	14,81	14,33
Fe_2O_3 =	1,60	0,95	1,79	2,24
FeO =	1,63	0,42	—	—
MnO =	0,12	0,03	—	—
CaO =	2,79	2,14	2,00	2,14
SrO =	0,04	—	—	—
BaO =	trace	—	—	—
MgO =	1,05	0,29	0,13	0,44
K_2O =	3,52	3,56	4,64	4,45
Na_2O =	3,90	3,46	4,55	3,78
P_2O_5 =	0,13	—	—	—
PAF =	0,71	0,90	0,50	0,26
Total =	100,03	100,12	101,61	100,81

§ 3. *Phénomènes de contact et d'endomorphisme, enclaves, structure.*

Comme nous l'avons déjà démontré, les phénomènes de contact sont toujours peu importants et l'endomorphisme est à peu près nul.

Les calcaires qui recouvrent les laccolithes, subissent en général une marmorisation et un changement de couleur. Toutefois ce n'est qu'au contact immédiat avec la roche éruptive et sur une zone de très faible épaisseur, que ces calcaires se silicifient et se chargent alors d'une grande quantité de petits grenats, qui forment des taches foncées sur le fond clair de la roche. Il est à remarquer que le grenat n'est pas accompagné par d'autres silicates de métamorphisme.

La roche éruptive elle-même ne paraît pas subir de modifications au contact

10

des calcaires. Quelques échantillons cependant, présentent une légère diminution du grain de la pâte, et d'autres, pris au contact avec les calcaires marneux, se chargent de quelques débris de calcite dans le voisinage immédiat de ce contact.

Lorsque les trachy-liparites touchent les marnes argileuses tertiaires, la roche éruptive paraît subir un endomorphisme plus manifeste : elle devient en effet de couleur noire au contact immédiat, comme on le voit par exemple à la Zmieva et au Kinjal. Cependant la structure microscopique et la composition chimique de ces variétés endomorphes ne paraissent pas différer très sensiblement de celles de la roche éruptive prise loin du contact: Le changement de la coloration est dû en effet à la présence dans la pâte de fines particules noirâtres et opaques, de nature charbonneuse, empruntées aux marnes.

Quant à celles-ci, au contact même, elles deviennent dures, de couleur foncée, et prennent un aspect calciné. Sous le microscope elles sont formées par une masse opaque noire ou rougeâtre, dans laquelle on trouve encore quelques petits grains détritiques. Cette modification des marnes ne se produit d'ailleurs que sur une très faible épaisseur et dans le voisinage immédiat du contact, comme nous l'avons vu à la Zmieva et au Kinjal.

Quelquefois aussi, comme au Byk, ces marnes argileuses ne paraissent avoir subi aucune modification. De toute façon il est incontestable qu'envisagés dans leur ensemble, les phénomènes de métamorphisme développés par l'intrusion des roches laccolithiques dans les assises crétacées et tertiaires, sont relativement très peu considérables.

Il est intéressant de comparer ce métamorphisme restreint avec celui signalé par M. W. Cross, pour les laccolithes américains. D'après cet auteur, là aussi le métamorphisme est faible et les sédiments recouvrant les masses laccolithiques ne présentent que rarement un développement de minéraux nouveaux. Il signale cependant l'existence de roches calcinées dans le voisinage du contact, à la montagne Crested-Butte, qui paraissent très analogues à celles que nous avons observées sur le mont Zmieva. Il semble donc qu'à ce point de vue aussi, les laccolithes américains présentent une nouvelle analogie avec ceux de Piatigorsk.

Nous avons vu également que plusieurs des roches des laccolithes renfermaient des enclaves, formées soit par des roches arrachées aux parties profondes du soubassement, soit par des fragments de roches sédimentaires provenant de la couverture. Ces fragments ne paraissent pas avoir exercé de modifications appréciables à leur voisinage dans la roche qui les contient, et ne sont pas davantage métamorphosés par elle.

Des enclaves provenant de la couverture, ont été observées également par les géologues américains dans les montagnes La Sal, sous forme de fragments de schistes noirs.

Il convient aussi d'attirer l'attention sur le phénomène très généralement observé de la schistosité, ou mieux de la structure en écailles concentriques, développée dans les roches éruptives de nos laccolithes au voisinage de la couverture sédimentaire. Cette structure est si caractéristique qu'elle a fait attribuer parfois ces roches aux formations stratifiées; elle présente une réelle importance pour l'interprétation du mécanisme de la formation des laccolithes.

CHAPITRE XV

§ 1. La forme des laccolithes, le volume, la base, les conduits, les dikes, les filons couches.

Quoique les formes originelles des laccolithes ne se soient pas toujours entièrement conservées grâce à l'érosion, on peut voir qu'elles sont en général variables, et dans la majorité des cas peu régulières. Les laccolithes forment souvent des massifs allongés ou des masses aplaties, quelques-uns se présentent cependant sous la forme de dômes ou de cônes très réguliers. Enfin, comme nous l'avons vu, quelquefois le laccolithe est multimamelonné.

Le volume des laccolithes est également variable; ils peuvent être très petits, comme par exemple le Kinjal, la Cheloudivaïa, etc., ou former des masses très considérables, comme celle du Beschtaou.

La base et les conduits suivant lesquels la lave est montée n'ont jamais pu être observés dans nos laccolithes, la région étant trop peu dénudée pour permettre de les apercevoir, mais la forme allongée de quelques-uns d'entre eux conduit à supposer que les canaux qui ont servi de passage à la lave étaient de longues fentes.

Les dikes émanant des laccolithes ne se rencontrent que très rarement; les

10*

filons couches (sheets) qu'on trouve si souvent dans les laccolithes américains, n'ont jamais été observés. Cette dernière remarque ne se rapporte qu'aux filons couches supérieurs, car ceux qui pourraient se trouver au-dessous des laccolithes ne sont, dans notre cas, jamais visibles. Il se peut d'ailleurs que cette rareté des dikes et l'absence de filons couches aient quelque rapport avec la nature des roches sédimentaires soulevées.

§ 2. *L'âge, l'épaisseur de la couverture, les conditions de cristallisation.*

On a vu que les formations sédimentaires les plus jeunes qui ont été soulevées sont les marnes éocènes; les laccolithes de Piatigorsk sont donc d'âge post-éocène. La formation sédimentaire la plus ancienne parmi les assises soulevées est celle des grès du Gault. Tous les laccolithes sont inclus entre ces deux extrèmes, dans les différents niveaux du crétacé supérieur. Cependant l'épaisseur de tout le complexe des roches sédimentaires qui se trouve entre le laccolithe le plus profond et celui situé le plus haut dans la série, n'est pas très considérable et ne doit pas dépasser 600 m.

Selon l'opinion exprimée par Gilbert dans son étude sur le groupe des Henry-Mountains du plateau du Colorado[1], la couverture sédimentaire des laccolithes devait être très épaisse pour produire les conditions d'un refroidissement lent, et M. Cross dit, en comparant entre eux les laccolithes situés à différentes profondeurs, que l'étude de leurs roches démontre que le poids des couches tertiaires au-dessus du laccolithe situé le plus haut dans la série était suffisant pour procurer à son magma des conditions de refroidissement identiques à celles éprouvées par le magma du laccolithe situé le plus bas, ce qui se dégage de l'examen de la structure de ces roches. « Nous ne savons pas, dit-il, quelle épaisseur des couches était nécessaire pour produire ce résultat, mais il semble cependant qu'une épaisseur de plusieurs mille pieds était nécessaire. »

Il n'est évidemment pas possible de déterminer avec quelque précision l'épaisseur de la couverture sédimentaire des laccolithes de Piatigorsk, mais pourtant, il semble plus probable que cette couverture a été relativement peu épaisse. En effet, l'unique formation qui a pû servir de couverture aux laccolithes situés le plus haut dans le complexe sédimentaire est celle des marnes éocènes, développée dans les steppes du Caucase du Nord. Dans ces conditions il est donc probable que les roches laccolithiques ont cristallisé sous une pression relativement faible.

Quant aux autres conditions sous lesquelles s'est effectuée la cristallisation, le

---

[1] G.-K. GILBERT. *Report on the Geology of the Henry-Mountains.* In-4º, 1877 (U. S. Geol. and. Geogr. Survey of the Rocky Mountain Region, J.-W. Powell.).

métamorphisme restreint que nous avons toujours rencontré semble indiquer une faible participation des minéralisateurs. Ce dernier fait laisse supposer que les canaux d'ascension de la lave n'avaient pas d'élargissements en profondeur, et représentaient originellement des fentes probablement étroites.

§ 3. *Mécanisme de l'intrusion.*

Dans les cas les plus simples, la lave arrivée par un conduit quelconque, soulève les couches sédimentaires situées au-dessus du point où ce conduit se termine, sans qu'il se produise des fractures dans l'épaisseur de ces couches. La lave se trouve alors, dans la partie supérieure du laccolithe, en contact avec un seul niveau déterminé de la série sédimentaire. Tel est le genre d'intrusion du Machouk, Joutza, Djoutzkaïa, etc. (Profils Nos 1, 2, 3, 4, 5.)

Mais l'intrusion laccolithique ne se produit pas toujours comme cela, et il existe des cas beaucoup plus compliqués. Souvent la roche éruptive d'un même laccolithe se trouve, consolidée sous divers niveaux des roches sédimentaires, et ce phénomène se rencontre aussi bien dans les laccolithes complexes formés de plusieurs protubérances, que dans les laccolithes simples présentant une seule élévation.

Ce fait ne paraîtrait pas étrange dans une région plissée où les roches sédimentaires ne forment pas toujours de série normale, et peuvent avoir des positions variables, mais tel n'est pas le cas de la région au voisinage de Piatigorsk, qui ne présente point d'autres dislocations que celles formées par les roches éruptives elles-mêmes, dislocations tout à fait locales, n'ayant aucune liaison entre elles, et se trouvant souvent à une grande distance les unes des autres dans une plaine, formée par la série normale des couches sédimentaires non disloquées.

On a vu que les phénomènes de métamorphisme dans les laccolithes sont très restreints; il ne peut donc point être question ici, pour expliquer les contacts avec différents horizons de la série sédimentaire, d'une assimilation, variable d'un endroit à l'autre, par la roche éruptive d'une partie de sa couverture. Les analyses du matériel pris dans le voisinage immédiat et à une certaine distance de cette couverture sont là pour le démontrer. Il reste donc à chercher l'explication de ces différents contacts dans la façon même dont l'intrusion s'est produite. On est amené alors à la supposition de fractures qui se seraient formées dans les roches sédimentaires pendant leur soulèvement, et nous nous représentons que l'intrusion dans ce cas s'est effectuée de la manière suivante :

Par la poussée du magma arrivé d'abord par une fracture unique, les couches sédimentaires commencent à se soulever au-dessus du point où cette fracture se termine. La poussée continuant, des cassures vont se produire dans l'épaisseur de ces couches soulevées. Ces cassures qui prennent parfois, comme par exemple au Beschtaou, une disposition étoilée peuvent s'arrêter pour un même laccolithe dans différents niveaux de la série sédimentaire, puis se remplir immédiatement par le magma qui continue à monter, et qui soulève à nouveau les strates situées au-dessus de leurs terminaisons. C'est ainsi que peuvent se former sur un massif commun plusieurs élévations laccolithiques, qui se trouvent de la sorte simultanément consolidées sous des niveaux différents (bien qu'assez rapprochés dans le cas qui nous occupe), de la série sédimentaire.

Cette manière de voir explique très bien tous les phénomènes observés dans le laccolithe complexe du Beschtaou (profil N° 6, carte 5), où la disposition des différents dômes laccolithiques ainsi que la diversité de leurs contacts, ne peuvent s'expliquer autrement que par une intrusion du magma suivant plusieurs fractures qui s'entrecroisaient.

Les faits observés dans quelques autres laccolithes et surtout au Kinjal, ne peuvent également que confirmer la formation des fractures dans les roches sédimentaires en voie de soulèvement. Quelquefois une partie de la couverture cède à la pression de la roche éruptive, et il se produit alors un renversement sur un flanc du laccolithe. Dans ce cas il faut admettre que la poussée de la lave ne s'est pas produite selon la verticale, mais obliquement, ce qui pourrait provenir de l'obliquité du conduit suivant lequel la lave a fait son ascension, ou peut-être d'un obstacle quelconque qui n'a pas permis à la lave de suivre la direction normale.

De pareils renversements produits par le magma laccolithique peuvent être observés, comme on l'a déjà vu, particulièrement bien au Beschtaou et au Kinjal (profils N°ˢ 6, 13) où l'on trouve des roches sédimentaires renversées et plongeant contre les axes de ces laccolithes. Vu l'absence de plissements, aucune autre explication de la position anormale de ces roches ne semble être possible. Du reste, cette supposition ne présente en elle-même rien d'invraisemblable : en effet, au voisinage des roches éruptives des laccolithes, les couches sédimentaires sont ordinairement fortement relevées et très souvent redressées verticalement. Du moment que les roches éruptives ont été capables de produire de tels redressements des sédiments, il n'est plus étonnant qu'elles aient pu également les renverser par une exagération de la poussée.

On remarque aussi parfois d'autres anomalies dans les positions respectives des roches éruptives et sédimentaires. Dans la montagne Razvalka, par exemple, les sédiments représentés par les marnes schisteuses tertiaires ne semblent avoir jamais recouvert le laccolithe. Il est vrai que les observations y sont très difficiles et à cause de cela très incomplètes, mais là où les roches sédimentaires peuvent être observées, elles ne présentent que des plongements très faibles et ne semblent pas être redressées au voisinage de la roche éruptive.

Dans ce cas, il est possible que nous observons non pas le véritable laccolithe, mais plutôt une partie du conduit suivant lequel la lave est montée, sans avoir jamais abouti à la formation d'un laccolithe proprement dit, ce qui se confirme par la forme très.allongée et très étroite du massif de la Razvalka. Mais cette fente, remplie par la roche éruptive, ne peut cependant pas être identifiée avec un filon par le fait que la lave qui la remplit ici, aussi bien que dans toutes les autres formations éruptives de Piatigorsk, a agi activement, et a subi la pression des roches sédimentaires environnantes, ce qui se traduit par la schistosité de la roche éruptive.

Cette même manière de voir peut s'appliquer à plusieurs autres formations décrites comme laccolithiques, notamment à Cheloudivaïa, Ostraïa, Kaban et Medovka (carte Nᵒ 5) qui, à ce qu'il semble, ne sont pas des laccolithes entièrement formés, mais qui, pour la même raison que la Razvalka, ne peuvent pas être considérées comme des filons au sens strict du mot.

La comparaison des faits observés dans la région de Piatigorsk, avec ceux décrits par M. Gilbert et M. W. Cross dans le plateau du Colorado, nous amène à la conclusion que les phénomènes qui se sont produits au Colorado et au Caucase du Nord, sont de la même nature, que les intrusions y sont dans beaucoup de cas similaires, et qu'elles ont donné lieu aux mêmes manifestations.

§ 4. *Opinions des divers auteurs sur la genèse des laccolithes.*

On voit donc par ce qui précède, que la détermination d'un laccolithe n'est relativement aisée que dans une région peu disloquée et assez peu dénudée pour permettre en partie la conservation de la couverture. Par contre, dans les régions montagneuses fortement plissées et dénudées, la tâche doit devenir singulièrement difficile et souvent impossible.

On est actuellement fortement enclin à attribuer aux laccolithes toute pénétration massive d'un magma éruptif dans les assises, accompagnée d'un métamorphisme plus ou moins manifeste. Ceci explique pourquoi un grand nombre de formations, considérées comme telles, sont en vérité plus que douteuses, et la présence de chapeaux sédimentaires sur les masses intrusives, ou de dikes dans le milieu encaissant, ne constituent nullement à eux seuls une preuve nécessaire pour la spécification d'un laccolithe. La plupart des auteurs paraissent avoir confondu la pénétration magmatique dans les assises due aux plissements orogéniques, tel que le mécanisme en a été établi par MM. Duparc et Mrazek, avec l'intrusion laccolithique, sous la forme que nous avons précédemment indiquée. L'origine même du phénomène et son processus sont totalement différents dans les deux cas, et cependant le cortège des manifestations accessoires, bien qu'en général assez différent, peut dans certains cas présenter de réelles analogies. Ce qui caractérise les laccolithes que nous avons étudiés (comme aussi ceux décrits par M. Cross), c'est l'exiguïté des phénomènes de métamorphisme. Ce caractère paraît être très général ; la cause en est d'ailleurs parfaitement explicable. Dans les pénétrations magmatiques profondes d'origine orogénique, les phénomènes de métamorphisme sont au contraire, d'habitude, fort développés, et présentent des manifestations variées ; il suffira pour s'en convaincre de consulter à cet égard les travaux publiés par MM. Duparc, Mrazec, Lacroix, Barrois, M. Levy, etc.[1]. Cette intensité du métamorphisme doit être au premier chef attribuée, comme l'ont démontré les auteurs précités, à l'influence prépondérante des minéralisateurs, et il semblerait par conséquent que ce qui différencie l'intrusion magmatique d'origine orogénique de l'intrusion laccolithique, c'est l'abondance de ces minéralisateurs dans la première, et leur rareté dans la seconde.

Il s'agit donc de rechercher les causes de cette abondance ou de cette rareté. Lorsqu'une masse déterminée de magma s'isole dans l'intérieur de l'écorce terrestre en ne communiquant avec le réservoir profond que par une étroite cheminée, elle apporte d'un seul coup, au moment de son intrusion, une quantité déterminée de minéralisateurs qui, une fois épuisés, n'auront pas de renouvellement possible. Il en est tout autrement lorsque le magma se consolide sous une ride infratellurique. La masse injectée dans l'écorce va alors en s'élargissant en profondeur, et passe insensiblement au magma profond qui lui sert de support. Le refroidissement étant extrêmement lent dans ces conditions, et la partie injectée restant très longtemps à l'état fluide, les minéralisateurs fixés incessamment dans la couverture par le jeu des phénomènes de métamorphisme se renouvellent pour ainsi dire constamment, tant que le magma n'est pas entièrement solidifié.

Mais il n'est pas moins vrai que si la pénétration magmatique d'origine orogénique et celle laccolithique sont différentes en ce qui concerne leur cause première, elles peuvent cependant dans certains cas donner naissance à des forma-

[1] L. Duparc et L. Mrazec. *Sur les phénomènes d'injection et de métamorphisme exercés par la protogine et les roches granitiques en général.* Archives des sciences physiques, Genève, mai, 1898.
L. Duparc et L. Mrazec. *Recherches géologiques et pétrographiques sur le massif du Mont-blanc.* Mémoires de la société de physique de Genève, 1898.
Lacroix. Bulletin carte géol. France, N° 64, 1898 et N° 71, 1900.
Barrois. Bulletin soc. géol. France, XVI, 102, 1887.
A. Michel-Levy. Bulletin soc. géol. France, IX, 181, 1881. Bulletin carte géol. France, N° 9, 1890 et N° 36, 1893. Bulletin soc. géol. France, XVIII, 915, 1890.

tions très analogues. On peut se représenter en effet qu'un laccolithe situé à la base de l'écorce et possédant une communication relativement très large avec le réservoir profond, pourra produire des phénomènes de métamorphisme comparables à ceux que l'on observera dans les roches de profondeur consolidées dans d'autres conditions ; et cela suffit pour expliquer aussi que les deux phénomènes ont été parfois confondus.

Dans ces conditions on comprend aisément que ni la forme de la masse éruptive, ni la nature de la roche (on peut s'attendre à rencontrer, dans les laccolithes comme dans les volcans des roches très différentes), ni sa structure, ne peuvent à eux seuls servir à identifier le laccolithe, mais que tout un ensemble d'indices est nécessaire pour cela. Il est par exemple très important de déterminer dans chaque cas si la roche éruptive a agi activement, mais il est clair aussi que cela ne peut se faire que si la détermination des rapports entre les roches éruptives et sédimentaires sur le terrain reste possible :

Les considérations principales qui nous ont servi à caractériser nos laccolithes comme tels ont été les suivantes :

I. Les rapports observés sur le terrain entre les roches éruptives et sédimentaires, rapports qui ont démontré que les premières ont agi activement, et qu'elles ont soulevé et produit différents déplacements dans les roches sédimentaires situées au-dessus, sous lesquelles elles se sont ensuite consolidées, en donnant naissance à des masses de formes et de grandeurs différentes.

II. La texture schisteuse (litée, feuilletée) des roches éruptives à la périphérie des laccolithes, là où la couverture sédimentaire a disparu totalement, caractère qui peut servir d'indication qu'elles ont été jadis recouvertes et qu'elles ont subi la pression de cette couverture.

III. Les phénomènes de métamorphisme.

IV. L'absence de produits volcaniques tels que les brèches, les tufs, etc.

§ 5. *Mode probable de formation des laccolithes de Piatigorsk.*

Il est difficile, dans l'état actuel de la question, de préciser exactement les conditions de l'ascension de la lave dans les laccolithes; le phénomène toutefois paraît s'être produit rapidement. La présence d'oscillations dans les mouvements d'ascension de la lave paraît indiquée par des effondrements locaux, dus à un retrait brusque de celle-ci sur un point du laccolithe. Ces oscillations rappellent celles que l'on observe dans la lave des volcans en activité, et la cause qui a déterminé d'abord l'intrusion et ensuite les oscillations du magma laccolithique a été peut-être dans le cas particulier liée à l'activité des grands volcans du Caucase, au Sud de Piatigorsk. Si l'on se représente par exemple que pour une cause ou une autre un arrêt dans l'activité de l'Elbrous vint à se produire, on comprendra que sous la pression d'une colonne de lave de cinq mille mètres, des ruptures suivies d'intrusions locales, aient pu se produire aux lieux de moindre résistance. Dans cette hypothèse, la formation des laccolithes du Caucase aurait suivi celle des volcans; mais il convient de remarquer que l'inverse a pu également se produire. L'impossibilité dans laquelle nous nous trouvons de fixer l'âge absolu de l'une ou l'autre de ces formations laisse l'incertitude sur le choix de l'hypothèse; néanmoins la liaison des laccolithes avec les manifestations volcaniques nous semble un phénomène incontestable.

Pour Gilbert, les laccolithes sont des volcans incomplets: nous dirons plutôt « des volcans avortés », ce qui nous amène nécessairement à nous demander si la théorie (maintenant abandonnée) des caractères de soulèvement ne reste pas applicable dans certains cas. Sans doute il est incontestable que la plupart des cônes des appareils volcaniques actuels sont produits par l'accumulation des débris rejetés par les volcans, et lorsque le soubassement d'un appareil volcanique est formé lui-même, comme c'est souvent le cas, par une roche éruptive profonde massive telle que le granit, il ne saurait être question ici de cratère de soulèvement au sens du mot. Mais lorsqu'on relit les descriptions données jadis par A. Humboldt et L. von Buch de la formation des cratères de soulèvement et des dômes d'intumescence, on ne peut s'empêcher de reconnaître qu'elles concordent fort bien avec les observations qui ont été faites sur les laccolithes. On a considéré que les fentes étoilées, qui dans l'idée des auteurs en question se produisaient dans la partie supérieure de l'ampoule, n'ont jamais jusqu'ici été constatées. Nous avons vu cependant qu'on est forcé d'en admettre l'existence pour expliquer les particularités de certains laccolithes. Dans l'idée des auteurs précités, la formation de l'ampoule a été spontanée pour ainsi dire; pour les laccolithes que nous avons examinés, rien ne permet de savoir s'il en a été ainsi.

On comprendra aisément qu'en exagérant l'effort de la poussée qui a donné naissance aux laccolithes, on arrive ainsi à la rupture complète de la couverture, et à l'arrivée au jour de la roche éruptive : à ce moment le laccolithe doit se transformer en un volcan.

Genève, octobre 1905.

Laboratoire de minéralogie de l'Université.

TABLE DES MATIÈRES

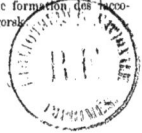

www.ingramcontent.com/pod-product-compliance
Lightning Source LLC
Chambersburg PA
CBHW071520200326
41519CB00019B/6008